入門 情報処理

データサイエンス、AIを学ぶための基礎

寺沢幹雄・福田 收 共著

OHM
Ohmsha

本書は，2016 年発行「情報基礎と情報処理（第 4 版）―Windows10 & Office2016 対応―」を改題改訂して発行するものです．

まえがき

　本書は，これから本格的に情報科学および情報技術を学ぼうとする初学者を対象にした大学の教養テキストである．本書のベースとなった 2008 年 4 月刊行の「情報基礎と情報処理」は，第 2 版まで旧昭晃堂の発行書籍で，第 3 版よりオーム社発行となり，その後第 4 版発行と版を重ねてきた．当初の予定からすれば，日進月歩の情報社会に対応させた第 5 版として書き改めるところであったが，2021 年文科省が政府策定の「AI 戦略 2019」に基づく「数理・データサイエンス・AI 教育プログラム認定制度」をスタートさせたことによって，2022 年度から多くの大学で教養課程としての情報教育のカリキュラムも従来の内容に変更が加えられ，数理・データサイエンス・AI 教育の導入が図られることとなった．「AI 戦略 2019」において，数理・データサイエンス・AI に関して求められる人材とは，2030 年頃に到来されるとする「Society5.0」に対応可能な人材にほかならず，三つのレベルに区分されている．それぞれ「リテラシーレベル」「応用基礎レベル」「エキスパートレベル」となっており，この「リテラシーレベル」こそ，すべての大学生・高専生が修得するレベルとされている．

　よって本書は，この「リテラシーレベル」の内容に即するかたちで「情報基礎と情報処理」を改めることとした．**主な改訂点としては，Ⅰ部（理論）/Ⅱ部（実践）という構成をやめ，紙数の都合上著作権の解説を割愛し，人工知能のアルゴリズムを加え，さらにはデータサイエンス解析の基礎となる表計算ソフトを用いたデータ処理の例題や解説を大幅に増やした．データ分析の初期段階で表計算ソフトを用いることは，他の解析ツール利用の知見を得るのにも有用だからである．**

　今回の改訂にあたって，福田は担当箇所の内容を刷新し，現況に即するものに書き改めたが，それ以外の技術解説や人工知能・データサイエンスに関する内容の刷新は，すべて寺沢幹雄氏によるものである．また，数々の貴重なアドバイスを頂戴したオーム社編集局の皆様にも心より感謝申し上げたい．

2021 年 12 月

福　田　收

目　　次

1章　情報社会とビジネス

2章　コンピュータネットワーク

3章　コンピュータシステム（ハードウェア）

4章　コンピュータの動作原理

5章　情報量

6章　ソフトウェア

7章　人工知能のアルゴリズム

8章　メディアリテラシー

9章　ビジネス文書の基礎（Word）

1章
情報社会とビジネス

現代社会においては情報化が進み，情報技術によって社会の様子も大きく変化した．こうした社会は，もはや「情報化社会」などではなく，**「情報社会」**あるいは「**高度情報化社会**」そのものだといえよう．本章では，こうした現代情報社会における留意すべき問題と，特徴的な情報技術を概観してみることにしよう．

1.1　情報社会とは

21 世紀を生きる私たちの身の回りには，実に多くのコンピュータ，あるいはコンピュータ機能をもったモノが存在している．街中の交通信号機，金融機関の現金支払機，ストアやスーパーのレジ，エアコン・電子レンジといった家電，図書館の蔵書管理システム，TV ゲーム，お財布機能をもったケータイ・スマートフォン……etc. 文字どおり，**コンピュータやコンピュータ機能が「遍在する」，「いたるところに存在する」，すなわち「ユビキタス（ubiquitous）」**社会といえるであろう（1.3 節参照）．コンピュータといえばパソコン（Personal Computer）だが，わが国でパソコンの普及率がどんどん上昇し始めたのは 1995 年以降のことである．その理由は，阪神淡路大震災の被災者情報や，地下鉄サリン事件の安否情報の必要性などをきっかけとして，インターネットが有する情報発信・受信能力の潜在的可能性が見直されたこと，そして同年秋に，マイクロソフト社から新しい**オペレーティングシステム（OS）「Windows95」**の日本語版が発売されたこと，この二つが大きな理由だといわれている．

こうした環境にある現代社会は，一般的に「情報化社会」と呼ばれているが，本書以下で解説する**情報技術（Information Technology：IT）**が，政治・経済・文化・教育分野のほか，私たちの日常生活世界に浸透する過程を「情報化」とい

うのであれば，すでに現代は「**情報社会**」と呼ばれるのにふさわしい段階にある．さらに第 5 期科学技術基本計画においては，仮想空間と現実空間を高度に融合させたシステムにより，経済発展と社会的課題の解決を両立する人間中心の社会，すなわち「**Society5.0**」（狩猟・農耕・工業・情報に続く，ビッグデータを活用してイノベーションを創出する社会）が提唱されている．そもそも，IT という呼び方は，2004 年の総務省の呼称変更に従って**情報通信技術**（**Information and Communication Technology：ICT**）といわれることも多く，通信やコミュニケーション技術として強調されるようになっている．かつて日本政府は，2001 年に世界最先端の IT 国家を目指すことを宣言した「**e-Japan 戦略**」を策定し，そのなかで**電子政府**や**電子投票**の実現も構想していた．こうしたかたちで実現される民主主義は，「**e デモクラシー**」とも呼ばれ得るものであった．

　このように情報社会とは，20 世紀後半以降，私たちの価値を見い出す対象が，形をもったモノ，すなわち有体物に加えて，情報技術あるいは情報通信技術によってもたらされた，形のない「情報」にまで拡大していった社会ともいえるであろう．

　では「**情報**」とは何であろうか？「情報」という言葉は，明治 36 年に森林太郎（後の森鷗外）の訳本の中で，初めて公にされたといわれている．それまでは，「報知」や「諜報」といった言葉が使われていたが，これらの言葉は戦時下で「敵情を報告する」簡略語として使われたことに端を発するようである．事柄的に「情報」とは，「知識」と違って，きわめて流動的で，かつ非体系的・断片的で，短命にして，しかも時として虚偽を含んだ，何らかの記号やシンボルで表示され得るもの（具体的には文字・数値・図形・画像・映像・音声といった様々な形をとって表示され得るもの）の総称であって，とにかく人間の目的をもった行動にとって必要とされ，有用なものであるといえる．ここで留意しなければならないことは，情報には時として**虚偽が含まれる**という点であって，現代のような情報が氾濫する社会にあっては，ますます虚偽を見抜く見識力も要求されることになろう（「8 章　メディアリテラシー」以下参照）．

　さて，人類は，大きくいって三つの大きな技術革新に遭遇してきたといわれている．一つ目は 15 世紀半ばの**グーテンベルク**（**J.H.Gutenberg**）による**活版印刷術**の発明と展開，二つ目は 18 世紀後半から始まる**産業革命**，そして三つ目が 20 世紀半ばから進行しつつある **IT 革命**である．この IT 革命こそ，「情報」の活用にまつわる社会構造全般の変革であって，他の技術革新同様，人間社会に新た

なモード（様態）とパターン（類型）とスケール（尺度）をもたらしつつあるものにほかならない．たとえば，行政サービスや企業活動，さらには文化・学術活動での情報活用，オンラインでのショッピングや株取引をはじめとする**電子商取引（e コマース）**や**電子出版**，そしてソフトウェアコンテンツやサービスの開発に代表されるようなベンチャービジネスの登場，それらと同時に到来した市場の活況と好景気などにその具体的内容を見い出せよう．

こうした IT 革命は，1936 年に**アラン・チューリング（A.M.Turing）**が現在のコンピュータにおける計算原理を確立して以来，いわば 2 進法に基づくビットメディアの開発経緯によるところが大きい．グラスムック（V. Grassmuck）は，計算原理から始まってビットメディアが開発，展開されてきた世界を「**チューリングの銀河系（The Turing Galaxy）**」と名づけ，活版印刷術発明後に展開された知の変容と体系をカナダのメディア論者**マクルーハン（M.McLuhan）**が「**グーテンベルクの銀河系（The Gutenberg Galaxy）**」と呼んだ延長上に，ディジタルメディアへのパラダイム*シフトを位置づけている．

マクルーハンは，メディアの歴史的発展を

　i）音声に基礎をおく口述文化の段階
　ii）文字に基礎をおく文字文化の段階
　iii）電気技術に基礎をおく電気メディアの段階

という三つの段階に区分けしているが，電気技術的メディアの段階にはアナログ技術とディジタル技術の段階があることをもはや常識として知っている今日の私たちからすれば，グラスムックによるディジタルメディアのパラダイムに対する命名は極めて説得力がある．

1.2 プライバシーと個人情報

(1) プライバシー権とその背景

情報社会が到来したことによって，私たちは，以前にもましてプライバシーの問題を口にするようになった．インターネット利用者の多くの人が，自分のプライバシーが保護されているのかどうか不安を覚えている．情報社会は，人の名誉にかかわる社会的評価ばかりでなく，こうした社会的評価とは無関係な私生活を

＊ T.S. クーン『科学革命の構造』（1962 年）によって提唱された概念で，科学的研究の遂行を根底で規制する「理論的枠組み」のこと．

も干渉する手段が多様化したとも考えられるわけであるから，まさにプライバシーの危機的状況にあるといっても過言ではない．だがしかし，私たちは「情報社会におけるプライバシーとは何か」本当に理解したうえで，不安を覚えたり，侵害行為が増加したと見なしたりしているのであろうか？　プライバシーは個人情報と同じものなのだろうか？　この問いに答えるためには，プライバシーという概念およびプライバシー権成立の歴史を概観しておく必要がある．

　プライバシーの問題は，実はかなり昔から存在していたにもかかわらず，日本において権利として広く認知されたのは 1960 年代になってからのことであった．

　プライバシー問題の歴史を見てみると，1890 年代のアメリカ，ニューヨークにおけるメディア事情によってプライバシー権確立の道が初めて拓かれたとされている．当時のニューヨークでは，新聞発行部数獲得競争から，センセーショナルな扇動記事やゴシップ，あるいは過剰表現を大衆向け新聞に掲載する「**イエロージャーナリズム（Yellow Journalism）**」という堕落した風潮が蔓延していた．「イエロージャーナリズム」という言葉は，1895 年，アメリカで初めて新聞に漫画を掲載したニューヨーク・ワールド紙が，翌年，黄色を加えた 3 色刷りになり，そこで掲載された「イエローキッド」という黄色い洋服をまとった少年が登場する連載漫画を巡って，ニューヨーク・ジャーナル紙との間で原作者の争奪戦が繰り広げられたことに由来している．印刷技術とその流通システムが進歩するにつれ，一般大衆が購買層として定着すると同時に，新聞というメディア機構がますます巨大な情報力をもつに及んで，新聞記事の質は問われないまま，大衆ネタ・私生活ネタが蔓延することになったわけである．こうした状況の中，私生活を守るにはどうしたらよいのかという観点から，法律家であったウォーレン（Samuel D. Warren）とブランダイス（Louis D. Brandeis）による「プライバシーの権利（The Right to Privacy）」という論文が注目され始めることになる．というのも，その論文の中でプライバシー権とは「**放っておいてもらう権利（The right to be let alone）**」として改めて定式化されていたからであった．このことが，それまで曖昧のままであったプライバシー概念が権利として確立するきっかけとなり，以降，判例の中でもたびたび用いられることとなる．その後，1960 年，プロッサー（William L.Prosser）が「プライバシー（Privacy）」という論文を発表し，プライバシーの侵害を

　　ⅰ）私的領域への介入

　　ⅱ）私的情報の公開

ⅲ）誤認を生じさせるような私的情報の扱い

ⅳ）私的情報の営利的利用

という四つの類型に整理したことによって，プライバシー侵害訴訟が激増し，法的権利としてのプライバシー権が広く認知され，定着することとなったといわれている．

　では，日本の事情はどうであろうか．1961年，元外務大臣有田八郎は，三島由紀夫著『宴のあと』の中で自らのプライバシーを侵害されたとして，東京地方裁判所に三島由紀夫と新潮社を相手取り民事訴訟を起こした．その3年後の1964年，東京地裁は判決文の中で，プライバシー権を**「私生活をみだりに公開されない権利」**として初めて認めることとなった．裁判は，控訴審の途中で原告有田八郎が死亡したことに伴い，遺族と被告の間で和解が成立して終わったが，しかし，ここで忘れてはならない視点は，そもそも人のプライバシー全領域が客観的判断基準としての法的権利として確立でき得るのかどうか，ということである．この問題は「法」と「倫理」の臨界線にもかかわる大きな問題である．ある意味で，応用倫理学の一分野として**「情報倫理」**という学問が存立していること自体，プライバシー侵害問題すべてを他の権利侵害に還元してしまったり，客観的法的体系のもとで裁いたりすることの不可能性を具現しているといえよう．「法」のもとで裁くという考え方の前に，私たちの日常生活における倫理観や道徳性を問い直し，「〜すべきではない」ことと「〜すべきである」ことを明確に意識し，かつ実践できる態度を確立する努力こそ，新たなシステム体系をもった現代社会において初次的に求められていることではないだろうか．

(2) メディアと現代的プライバシー権

　以上のような史的事実において注目に値するのは，当初，新聞というマスメディアによる個人への干渉を防ぐために，プライバシー権が叫ばれたという経緯である．いうまでもなく，マスメディアは巨大な情報力を有しており，その力をもってして，大衆の関心の的となる人物の私的領域にまで介入し始めた結果，個人の私的領域を守らんがためにメディアの情報力を排除し，それに対抗するための権利の必要性が覚醒したわけである．この場合の権利を主張する「個人」とは，あくまでも人々の関心を惹起するような，言い換えれば，新聞沙汰になった場合に人々が興味を示すような有名人や要人に限定されていたといえよう．有名すぎるほどの「個人」といえば，イギリスのダイアナ元王妃がゴシップネタを求めるパパラッチ（イタリア語で"ぶんぶんうるさくつきまとう虫"）と呼ばれる取材

陣に追いかけまわされ，不幸な事故死を遂げたことは歴史に残る事件であった．

　ところが，現代社会においては，個人によって情報を受信したり発信したりすることができるインターネットというメディアが普及した結果，同時に，たとえば新聞というマスメディアに対抗し得るだけの情報収集能力と発信能力も，広く一般大衆に行き渡ったと考えることができる．となると，今までメディアがターゲットにしていた有名人や要人の私生活だけばかりではなく，一般大衆としての私たち一人ひとりの私生活にまでメディアが介入することが可能になり，同時にまた，興味本位の情報発信のターゲットになりうるという状況が生じることとなったわけである．このようにメディアの変容に伴ってプライバシー権域が拡大化する状況にあっては，従来の「**放っておいてもらう権利**」としてのプライバシー権では，私たち一人ひとりの生活に介入してくるメディアに対抗することができないことは容易に推察できるであろう．

　そこで，ウェスティン（Alan Westin）の「プライバシーと自由（Privacy and Freedom）」という論文の中で定義されたプライバシー権が，1970年代アメリカで現代的な状況に合致しているものとして注目されることになる．ウェスティンは，アメリカのプライバシー法の設立にかかわったことから“プライバシー法の父”とも呼ばれているが，彼はこの論文の中で，プライバシー権を「個人，グループまたは組織が，自己に関する情報を，いつ，どのように，またどの程度他人に伝えるかを自ら決定できる権利」と捉え，「**自己に関する情報の流れをコントロールする個人の権利（The individual's right to control the circulation of information relating to oneself）**」，すなわち「**自己情報コントロール権**」として定義した．こうして従来の消極的で受動的なプライバシー権に対して，自己の情報に積極的にかかわる現代的なプライバシー権が主張されることとなった．現在では，世界各国の個人情報保護法に，基本的にこうした「自己情報コントロール権」の考え方が反映されているといっても過言ではない．

(3) 個人情報とプライバシーの違い

　ところで私たちは，「プライバシー」と「個人情報」を区別しているであろうか．ついつい同じものとして考えがちだが，厳密にいえば，これらは明確に区別すべきものといえる．

　「**個人情報**」とは，2005年4月から全面施行された**個人情報保護法**によれば，「生存する個人に関する情報であって，特定の個人を識別することができるもの」と定義されている（2015年の改正では，指紋データ・顔認識データ・遺伝子デー

タ・移動履歴・購買履歴なども加えられている）．具体的には，氏名・年齢・性別・住所・電話番号・学歴・職業・家族構成・メールアドレスといったことがまず考えられるが，さらには，趣味・嗜好・結婚歴・宗教・犯罪歴・病歴なども個人情報といえるだろう．これらの情報は，それだけで個人のプライバシーと同一なものとしてみなされるが，だからといってプライバシーがすべて個人情報として取り扱われるわけではない．たとえばある人が，起床後朝食前にジョギングをし，帰宅後シャワーを浴びて朝食をとり，着替えて電車に乗り，会社や学校に向かう途中で誰かに携帯電話をかける，といった一連の日常生活における情報は，みだりに公開されたくない私的な領域にかかわる私生活情報，すなわちプライバシーといえるものである．ところが，ジョギングをする際，どこのメーカーのシューズやジャージを着ていたか，朝食をとる際，どこのストアで購入した何を食したか，外出する際，乗車するのは何線の何駅か，出向く先の会社・学校の名称は……etc.となると各メーカーや販売店が，顧客データとして記録しておきたかったり，ある販売プロジェクトの対象年収を稼ぐ消費者として特定したかったりする個人情報となるわけである．つまり「個人情報」とは，**第三者にみだりに公開されたくないプライバシーにかかわる事実が，第三者によって何らかの価値が付与され得るデータとして，第三者に集積・蓄積され，保管・管理され得る形態に転化したもの**，と考えることができよう．個人情報がプライバシーから発現するかぎりで，個人情報はプライバシーに包摂されるものだが，プライバシーすべてが個人情報というわけではない．

(4) 個人情報の漏えいと保護

検索サイトにて例えば「個人情報漏えい」と入力すれば，過去から現在に至るまでの事件と被害事例を容易に一覧することができるが，どの流出源も，私たちの日常生活には欠かせない企業であったり，自治体であったりするのが一目瞭然である．

見方を変えれば，私たちのいかに多くの個人情報が，第三者の手に渡り，蓄積・管理されているのかが示されているといえよう．これは高度情報化が進展した結果であることはいうまでもなく，私たちは，高度情報化を支える技術革新そのものへの対応を迫られているばかりか，そこで扱われる情報そのものの扱われ方にも対応しなければならなくなってきているのである．すなわち，さまざまな情報サービスが充実する反面，私たちの個人情報が誤った扱いを受け，取り返しのつかない被害をもたらすことになるのでないかという不安が高まってきたわけ

である.

　こうした状況を背景に，2003年5月，個人情報の保護に関する法律など関連5法案（「個人情報の保護に関する法律」／「行政機関の保有する個人情報の保護に関する法律」／「独立行政法人の保有する個人情報の保護に関する法律」／「情報公開・個人情報保護審査会設置法」／「行政機関の保有する個人情報保護法等の施行に伴う関係法律の整備等に関する法律」），いわゆる後述する**個人情報保護法**が成立，2005年4月から全面施行された. これらの法律では，私たちが安心して情報社会のメリットを享受できるような個人情報の適正な扱われ方が求められているといえるが，しかし，個人情報を扱う事業者に対して，事業分野を問わず，個人情報の取り扱いに関する基本的で必要最小限のルールを定めたものでしかなかった以上，効果の程度は，個人情報取扱事業者がどれだけルールを遵守するかにかかっていることに留意しておく必要があった. さらに私たちは，個人情報取扱事業者に対する本人関与の仕組み，言い換えれば，私たちが事業者に対していったい何ができるようになったのかということを知っておく必要もあるだろう.

(5) OECD8原則

　先に，高度情報化が進展する反面，個人情報の取り扱いに対する不安が高まったことが背景にあって**個人情報保護法**が成立したと述べたが，ここでは，この法律が成立・施行されるに至った世界的動向と経緯を見ておくことにしよう.

　1980年9月，「**プライバシー保護と個人データの国際流通についての勧告**」がOECD理事会より明らかにされた. 周知のように，**OECD（Organisation for Economic Co-operation and Development：経済協力開発機構）**とは，EU加盟国とその他の国合わせて38ヵ国が加盟する国際機構で，経済活動の促進や開発途上国に対する支援，貿易の拡大などを促すことを目標とする組織である. 1970年代，高度情報化社会の到来による不安の高まりのなか，個人情報保護を目的とする法律が先進諸国でも制定されるに及んで，先進諸国間での国際基準の必要性が叫ばれることとなった. こうした要求を受けたかたちで，OECDは以下のような8原則のガイドラインを発表するにいたったわけである.

① 収集制限の原則

　個人データの収集には制限を設けるべきであり，いかなる個人データも，適法かつ公正な手段によって，かつデータ主体に通知または同意を得たうえで，収集されるべきである.

② データ内容の原則

個人データは，その利用目的に沿ったものであるべきであり，かつ利用目的に必要な範囲内で正確，完全であり，最新なものに保たれなければならない．

③ 目的明確化の原則

個人データの収集目的は，収集時よりも遅くない時点において明確化されなければならず，その後のデータの利用は，収集目的に合致すべきである．

④ 利用制限の原則

個人データは，データ主体の同意がある場合や法律の規定による場合を除き，明確化された目的以外の目的のために開示・利用・使用に供されるべきではない．

⑤ 安全保護の原則

個人データは，その紛失もしくは不当なアクセス・破壊・使用・修正・開示などの危険に対し，合理的な安全保障措置により保護されなければならない．

⑥ 公開の原則

個人データにかかわる開発，運用および政策については，一般的な公開の政策がとられなければならない．個人データの存在，性質およびその主要な利用目的とともにデータ管理者の識別，通常の住所をはっきりさせるための手段が容易に利用できなければならない．

⑦ 個人参加の原則

個人は次の権利を有する．

(a) データ管理者が自己に関するデータを有しているか否かについて，データ管理者またはその他の者から確認を得ること．

(b) 自己に関するデータを，ⅰ）合理的な期間に，ⅱ）もし必要なら過度にならない費用で，ⅲ）合理的な方法で，かつⅳ）自己にわかりやすいかたちで自己に知らしめること．

(c) 上記(a)および(b)の要求が拒否された場合には，その理由が与えられること，およびそのような拒否に対して異議を申し立てることができること．

(d) 自己に関するデータに対して異議を申し立てることができること，およびその異議が認められた場合には，そのデータを消去，修正，完全化，補正させること．

⑧ 責任の原則

データ管理者は，各原則を実施するための措置に従う責任を有する．

　こうした OECD8 原則の勧告を受けて，日本では，1988 年 12 月「**行政機関の保有する電子計算機処理に係る個人情報の保護に関する法律**」が公布されたのである．

(6) 個人情報保護法

　この法律はその名が示すように，「行政機関が保有する個人情報」に限定されたもので，公的部門における個人情報を保護するにとどまったものであった．当時，民間部門における個人情報の保護は，関係省庁によるガイドラインや個別通達のもとで行われていたに過ぎず，法的拘束力をもってはいなかったわけである．私たちの個人情報が形式的にでも全面的に保護されるためには，当然，民間部門における情報も保護される必要があることは誰の目にも明らかで，そうこうしているうちに，自治体や民間企業からの個人情報流出事件が多発するという事態を受けて，2003 年 5 月，個人情報の保護に関する法律など関連 5 法案が成立することとなり，2005 年 4 月から全面施行されることとなった．さらに，パーソナルデータおよび**ビッグデータ**の新たな取り扱いが検討されるに及んで，2015 年 9 月には**改正個人情報保護法**が公布された．このとき，法律施行後 3 年ごとに必要に応じて見直す規定が盛り込まれ，2020 年には規定に基づき初めて改正，翌 2021 年にも改正されるに至っている。

　当初，個人情報保護法のポイントは，まず，個人情報の有用性に配慮しながら，個人の権利や利益を保護することを目的としていること，さらには，民間の事業者の個人情報の取り扱いに関して共通する必要最小限のルールを定め，各事業者が実情に応じ自律的に取り組むことを重視していること，という 2 点に絞られていた．個人情報取扱事業者に義務づけられた必要最小限の主なルールは以下のとおりだが，これらの義務は，前述した OECD8 原則に対応したものとなっているため，併せてその主な対応関係を（　）内で示すことにする．

① 個人情報の利用目的をできる限り特定し，利用目的の達成に必要な範囲を超えて個人情報を取り扱ってはならない．
　（⇒**目的明確化の原則**）

② 偽りその他不正な手段によって個人情報を取得してはならない．
　（⇒**収集制限の原則**）

③ 本人から直接書面で個人情報を取得する場合には，あらかじめ本人に利用目的を明示しなければならない．間接的に取得した場合は，すみやかに利用目的を通知または公表しなければならない．

（⇒**公開の原則**）

④ 顧客情報の漏えいを防止するため，個人データを安全に管理し，従業者や委託先を監督しなければならない．

（⇒**安全保護の原則**）

⑤ 利用目的の達成に必要な範囲で，個人データを正確かつ最新の内容に保たなければならない．

（⇒**データ内容の原則**）

⑥ 個人データをあらかじめ本人の同意を取らないで第三者に提供することは原則的にしてはならない．

（⇒**利用制限の原則**）

⑦ 事業者が保有する個人データに関して，本人から求めがあった場合は，その開示，訂正，利用停止等を行わなければならない．

（⇒**個人参加の原則**）

⑧ 個人情報の取り扱いに関して苦情が寄せられたときは，適切かつ迅速に処理しなければならない．

（⇒**責任の原則**）

以上のルールは，個人情報取扱事業者に義務づけられたものだが（2020年の改正に至っては，個人情報取扱事業者に報告義務など，種々責務が追加されている），ではいったい私たちは，この法律によって基本的にどのようなことができるようになったのであろうか．

(7) 本人の関与　～何ができるのか～

個人情報保護法では，事業者が保有する個人データに関して「本人が関与できる仕組み」，つまり私たちが個人情報取扱事業者に対して

「**情報の開示**」

「**情報の訂正・追加・削除**」

「**情報の利用停止**」

を求めることができることになっている．この法律は個人データを保有・管理する事業者に対して情報を扱う際のルールを義務づけ，義務に違反した場合は罰則を科しているわけだが，私たちが事業者に対して具体的に「何ができるのか」を知っておくことは重要である．たとえば，身に覚えのない販売店から商品勧誘の電話がかかってきたり，登録もしていないのに不要なダイレクトメールが頻繁に届いたりした場合，直接相手に「私の個人データを見せてください」と開示を求

めることができ，もしデータに誤りがあった場合は，「この個人データは間違っています」と訂正を求めたり，データ内容の追加や削除を要求することができる．さらには，「私のデータを使うのは止めてください」と利用停止を要求することもできるようになった．こうした求めは，法定代理人，または本人が委任した代理人よっても可能である．さらに，事業者がこうした要求に応じない場合を想定して，**図 1.1** に示すように，認定個人情報保護団体や地方公共団体の窓口でも相談が可能となっている．

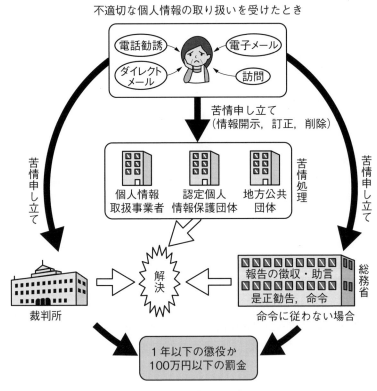

図 1.1　苦情処理の流れ

　個人情報保護法の効果は，個人情報取扱事業者が今後どれだけルールを遵守するか，にかかっていることは前述したとおりであるが，一方，情報社会に生きる私たちの方は，いつだって個人データ悪用の可能性にさらされていることを意識しなければならない．たとえば，自宅から出るゴミは，文字どおりプライバシー

の塊のようなものであり，個人情報を得るための格好のターゲットとなり得る．街頭やインターネット上などで行われるアンケート，電子掲示板への書き込み，ケータイ・スマートフォンの機種変更，クレジットカードを使った際に記入する電話番号など，配慮しなければならないことがたくさんある．個人データはなるべく公表する機会を減らすのが基本策といえるが，どうしても自分の情報を提供せざるを得ないときには，自己情報を自分でコントロールできるか否かを念頭において，以下のことに配慮するよう心がけるべきである．

「情報収集者は誰か」

「利用目的は何か」

「安全に保護されるか」

「第三者に流される可能性はないか」

「開示・訂正・利用停止を求めることができるか」

「相談窓口などの連絡先が明記されているか」

いくら配慮しても情報の一人歩きの可能性が否定できないとあってみれば，結局，「自分の情報は自分で守るしかない」という意識に帰着せざるを得ないのである．

とはいえ，**個人情報保護に対する過剰反応や萎縮効果（Chilling Effect）**には注意が必要である．学校や病院といったごくありふれた生活世界のコミュニティにおいて，たとえば名簿を作成し，配布し，持ち帰るといった行動に支障が出ていることも報告されているが，これは実際の個人情報保護法がもつ意味を取り違えた結果だといえよう．

1.3　ユビキタス社会

ネットワークの中でも，日常生活を一変させた技術革新がインターネットである．スマートフォンやタブレットの普及によって，インターネットは多くの人にとって必要不可欠な社会インフラとなっている．いつでも，どこでもネットワークに接続し，サービスが利用できる社会になることを 1988 年の時点で予測していたのが，アメリカ・ゼロックス社の**マーク・ワイザー**（Mark Weiser）で，**ユビキタスコンピューティング**（ubiquitous computing）という概念を提唱した．**ユビキタス社会**とは，「いつでも」，「どこでも」，「何でも」，「誰でも」，意識せずにインターネットに接続でき，さまざまなサービスによって豊かな暮らしができる社会とされている．

　ユビキタス社会は，あるゆる機器に通信機能が組み込まれるユビキタスコンピューティングと，あらゆるところで必要な情報にアクセスできるユビキタスネットワーキングの二つの側面をもっている．前者を支えている技術の一つが，電子タグや JR 東日本の Suica カードなどの非接触 IC カードで利用されている非接触認証技術である **RFID**（p.30，2.6 節（2）非接触型 IC カード参照）であり，後者を支えている技術の一つが，後述する大規模データベースを可能とする**クラウドコンピューティング**である．

　かつて日本政府は，**u-Japan 戦略**を掲げ，ユビキタス社会をめざしたインフラ整備を推進してきた．情報通信産業，製造業，素材産業，さらには，娯楽，流通，医療，住宅などの産業において技術は展開され，その過程でさらなる応用技術が加わり IoT へと引き継がれていくこととなった．

1.4 IoT

　インターネットでは，ホームページの閲覧やメールの送受信などのように，利用者が意図的に使うのが一般的な利用法である．しかし，ユビキタス社会では，より広い分野でのインターネット利用が想定され，利用者が意識しないところでも多くのものがインターネットに接続され，情報が活用されるようになってきている．あらゆるモノがインターネットに接続され，活用されることを **IoT**（Internet of Things：モノのインターネット）といい，新しいビジネスのトピックとなっている．

　IoT では，位置，姿勢，加速度，温度，気圧，湿度，照度，画像，音，赤外線などの各種センサーをもつ様々な機器がインターネットに接続され，測定結果が適宜サーバに蓄積される．センサーをもつ汎用性の高い機器としてはスマートフォンなどがあげられるが，IoT では構造がより単純で通信量の少ない機器も多用される．蓄積された情報は，解析されて，様々なシステムの応用に利用される．

　個人向けの IoT 利用として注目されているのが，医療・介護分野での応用である．リストバンドなどのウェアラブルセンサーによって，心拍数，血圧，活動量などのライフログを把握し，病気の予防や健康維持に利用される．また，エアコン，照明，湯沸かしポット，ドアセンサーなどで，遠隔地にいる家族の消息を把握するとともに防犯に役立てている例もある．産業用の IoT 利用としては，電力負荷や画像により流通情報や部品の加工情報などをモニタリングし，稼働状況や不具合情報を把握したり，監視カメラ画像で店舗における客の移動情報や駐車場

の入出庫状況を管理したりするなど様々な応用が実用化されている．また，道路・鉄道などの交通機関においても GPS や監視カメラなどのセンサーによって保守・運行管理に利用したり，水道・電力などのスマートメータによって効率的な社会インフラを実現したりと幅広い例がある．

　センサー機器が安価になり，インターネットの通信環境が整備されるに伴い，IoT の利用は飛躍的に拡大しているが，問題となるのが蓄積される膨大なデータの分析である．蓄えられた膨大なデータを分析し，有意義な結果を得るには多大な計算力と経験的知識が必要であり，従来は困難な作業とされてきた．しかし，ビッグデータ解析に用いられる分析手法の発展により，有効な解析が比較的容易になり，今後もより多くの分野への IoT 活用が期待される．近年のビッグデータの解析手法は主に人工知能分野の研究成果が用いられており，データから問題解決の知識を発見する**データマイニング**をはじめ人工知能に関する要素技術や，プログラミング言語 Python のライブラリ，統計処理用の R，データベース用のSQL，分散処理用の Hadoop などのソフトウェアの普及もビッグデータ解析や IoTの発展に大きく寄与している．

1.5　Web2.0

(1) Web2.0 とは

　従来のホームページは，専門知識をもつ人が発信する一方向的な情報メディアだったが，**Blog**（weB LOG），X，Facebook，LINE などの **SNS**（Social Networking Service），また Wikipedia，YouTube，Instagram などの投稿型サイトの登場により，誰もが情報発信できる双方向メディアとなった．新しい双方向型のホームページを 2004 年に**ティム・オライリー**（Tim O'Reilly）は **Web2.0** と表現した．また，Web2.0 登場以前の一方向的なホームページのことを Web1.0 と呼んでいる．

　Web2.0 は，RSS，Ajax，トラックバックといった技術に支えられている．**RSS**とは，ウェブサイトの更新情報を統一的に記述するもので，ブラウザに組み込まれている RSS リーダを使うと，ページの更新を自動で知ることができる．**Ajax**（エイジャックス）とは，ホームページ閲覧時のユーザ入力に対して，ユーザが使っているコンピュータ上で処理を行い，サーバへの問合せを避けることで快適な応答を実現したもので，Gmail や Google Map などのアプリケーションで使われている．**トラックバック**とは，リンクが貼られたことを元のウェブサイトに知ら

せることで，ホームページ間での密接なつながりが可能になる．

(2) Web2.0 のビジネスモデル

Web2.0 では，ホームページを，あらゆるサービスを提供するものと位置づけ
ている．たとえば，Google は無料で使えるワープロや表計算ソフトをウェブ上で
提供し，作成したファイルは，サーバ上のディスクに保存しておくことができ
る．Google のサービスにより，利用するパソコンごとにアプリケーションソフト
をインストールする必要がなく，インターネットに接続されたコンピュータであ
れば，世界中どこからでも同じ環境でソフトを利用することができ，また作成し
たファイルにどこからでもアクセスできるようになる．サービスが無料で提供さ
れる背景には，従来のようなソフト販売による個人への課金から，ソフト利用時
の広告掲載や閲覧・購買行動などの情報販売を主体とした企業への課金へとビジ
ネスモデルが大きく変化したことがある．

Web2.0 の大きな特徴としては，**ロング
テール**がある．ロングテールとは，「購入
者数が少なくても，多品種の商品を提供す
ることで収入増を図る」というビジネスモ
デルである（**図 1.2**）．ロングテールは，従
来の**パレートの法則**と呼ばれるビジネスモ
デルに対峙する概念である．パレートの法
則，もしくは，**8 対 2 の法則**は，売れ筋 2
割の商品が売り上げの 8 割を占めるとする

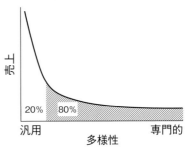

図 1.2　ロングテール

ビジネスモデルである．在庫の制約の大きい実店舗では，通常，パレートの法則
に基づいて商品構成を整えている．しかし，インターネット上のバーチャルな店
舗である Amazon や iTunes などのネットショップでは，流通の仕組みを整えるこ
とで在庫の制約から解放され，従来，購買者数が少なくて販売することのできな
かった多様な商品を取り扱うことで，多数の顧客を確保している．専門性の高い
商品になればなるほど，購買者数は減るが，ゼロにはならない．このようなビジ
ネスモデルは，図 1.2 に示すように，尻尾の先が細くなっても，ずっと先まで続
いている様子を想起させるため，長い（long）尻尾（tail）と呼ばれている．

(3) クラウドコンピューティング

Web2.0 の考え方によると，インターネットに接続することで様々なサービス
を受けることができる．サービスを提供しているコンピュータは，大型のコンピ

ユータかもしれないし，多数のパソコンかもしれない．また，国内に設置されて
いるかもしれないし，国外かもしれない．しかし，利用するユーザは，サービス
を受けられればよいので，インターネットの接続先の情報については，何も知る
必要がない．あたかも，雲の上で誰かがサービスを提供してくれているように感
じられるため，**クラウドコンピューティング**（cloud computing）と呼ばれている
（**図 1.3**）．クラウドコンピューティングの概念は，2006 年に Google 社の**エリッ
ク・シュミット**（Eric Emerson Schmidt）によって提唱され，ビジネス界で注目
を浴びている．

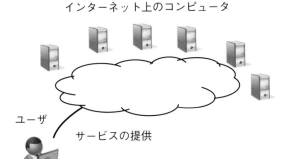

インターネット上のコンピュータ

ユーザ

サービスの提供

図 1.3 クラウドコンピューティング

　自社でサーバをもたずに，インターネット経由で提供されるサービスを利用す
る利用形態については，従来から，**ASP**（Application Service Provider），**SaaS**
（Software as a Service），**グリッドコンピューティング**（grid computing）と呼ば
れるものがあった．必要なときにだけ，必要なサービスを受けることができるた
め，自社のコンピュータ資源の購入，保守費用を大幅に削減できる．ASP，SaaS，
グリッドコンピューティングでは，サービスを提供している主体やインフラは明
確であるが，広い意味でクラウドコンピューティングの一種と考えられる．

1.6 人工知能

　人工知能（**AI：Artificial Intelligence**）は，1956 年に**ジョン・マッカーシー**
（John McCarthy）が提唱した用語であり，人間のような探索，推論，判断を行え
る機械システムのことを意味する．「人間のような」という定義は主観的であり
様々な解釈ができるが，有名な評価法に**アラン・チューリング**（Alan Turing）が

提唱した**チューリングテスト**がある．チューリングテストは，コンピュータを通したやりとりが人間相手なのか人工知能相手なのかを判断できるかどうかを基準とする判定法である．しかし，会話内容，会話時間，被験者の特性などの条件により結果が異なるため完全な判定法とはいえない．

人間と同程度の知識をもち，人間同様の処理ができる能力のある汎用型の人工知能を**強い AI**，もしくは**汎用 AI** と呼び，囲碁や画像解析のように複雑ではあるが特定の処理しかできない人工知能を**弱い AI**，もしくは**特化型 AI** と呼ぶ．現在，強い AI と呼べるものは実現されていないが，弱い AI については多くの研究が進み，実用化されている．

人工知能はコンセプトが魅力的であり，SF 小説や映画などにたびたび登場するが，定義があいまいなため，これまでに過度な期待と失望を繰り返すという歴史をたどっている．このため，AI ブームとも呼べる時期が少なくとも 3 度到来している．

(1) 第 1 次 AI ブーム

現在のコンピュータが登場した 1940 年代後半からすでに単なる計算機としてだけではなく，様々な問題解決手段としての利用が模索され始め，日本語ではコンピュータが人工頭脳と翻訳されていた時期もある．ジョン・マッカーシーによる人工知能という用語の登場で進展が期待された 1950 年代後半から 1960 年代が**第 1 次 AI ブーム**とされ，比較的単純な探索や推論の手法を用いて，自然言語の翻訳，手書き文字の画像認識，オセロなどのゲームの問題を効率よく解決できる手法として注目された．しかし，当時のコンピュータの処理能力では，解決できる問題がかなり限定され，汎用性に乏しいという失望感からその後関心が薄れていった．

(2) 第 2 次 AI ブーム

1980 年代になると，コンピュータで扱うデータを知識ととらえ，知識に基づいて推論する手法が発表されると**第 2 次 AI ブーム**となり，1990 年代まで研究が続くことになる．特に，専門家の知識を利用して推論する**エキスパートシステム**が考案され，医療診断や生産ラインでの異常判定をはじめ，様々な分野での応用が期待された．また，この時期には，翻訳，画像認識，音声認識などの分野で効率的な手法が考案され，一部では実用化された．当時研究された手法の一部は現在の人工知能手法の基本となっている．しかし，当時はまだインターネットが普及しておらず，大量のデータを扱うことができなかったため，知識の集積としては

不十分であり実用化には至らなかった.

(3) 第3次AIブーム

インターネットの普及とともに,ビッグデータと呼ばれる膨大な知識が蓄積され,この利用法が大きな関心を呼ぶことになった.知識利用の必要性が増したと同時期の2010年代になり人工知能の新たな手法が考案された.特に,知識の中でどの属性に注目すればよいかを自動的に抽出する手法の登場は,様々な問題解決に飛躍的な進歩をもたらした.これが**第3次AIブーム**となり,現在に至っている.特に,囲碁などの極めて複雑なゲームでコンピュータが人間に勝利したという事実や,ビッグデータによる知識の集積で画像認識や翻訳などの精度が向上し,ネット検索などの実生活で恩恵を受けられるようになったことが社会に大きなインパクトを与えた.

(4) 人工知能の今後

現在は,第3次AIブームに位置するが,これが再びブームとして終息するのか,社会基盤として定着するのかは不明である.しかし,データさえあれば人工知能が何でも解決できるというのは誤解であり,データの前処理,手法の選択,制御変数の調整などで多大な労力を必要としているのが現状であり,こうした労力を減らすためにはさらなる研究が必要である.また,一般のプログラムに比べて,処理に多大な時間を要することも課題である.

なお,「人工知能は人間よりも賢くなるか」という疑問については様々な議論がなされているが,**図 1.4** に示すように,人工知能のもつ知識と自律学習能力の技術進化が人間を上回った時点で,人工知能は自身で新しい人工知能を考案し,飛躍的に知能が進化するという考え方がある.人間を越えて急速に進化を始める時点の

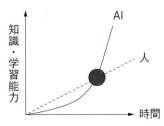

図 1.4 シンギュラリティ

ことを**シンギュラリティ**(技術的特異点)と呼び,**レイ・カーツワイル**(Ray Kurzweil)はシンギュラリティが2045年には生じると主張している.

1.7 人工知能の応用

人工知能ではビッグデータなどで集められた大量の知識データを利用する.一般的にデータは多数の要因からなり,どの要因が問題解決に有効かが明確な場合もあるが,要因自体が不明な場合も多い.データの性質を表す要因のことを**特徴**

量という．たとえば，アイスクリームの売り上げを分析する場合には気温，天候，湿度，イベントの有無などの要因が有効な特徴量となる．

　有効な特徴量が明確か否かによって適用する手法が異なる．主に特徴量が明確なときに使われる手法を総称して**機械学習**（**Machine Learning**）という．機械学習に対して，多層構造の解決手法を用いて特徴量自体を学習し問題を解決する手法を**深層学習**（**Deep Learning**）という．深層学習は機械学習の中の一分野であり，**図 1.5**のような関係性となっている．機械学習は，人間が理解しやすい特徴量を用いているため，解の妥当性を評価したり，適切な解を得るために制

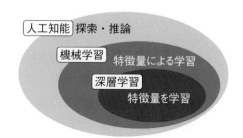

図 1.5　機械学習と深層学習の関係

御変数を調整することが比較的容易である．これに対し，深層学習は，人間が特徴量を考慮する必要はないものの，出てきた結果の妥当性を評価したり，解が導出された原因を特定することが困難な場合が多い．

　機械学習や深層学習は，主に以下のような分野で利用されている．

- 回帰
- 分類
- クラスタリング
- 推薦

(1) 回　帰

　数値で表される既知の特徴量どうしの相関を求め，新たな特徴量に対する値を予測する手法を**回帰**という．たとえば，過去のデータに基づいて株価を予想したり，行楽地の人出を予測したり，売り上げ予測をするなど，多くの場面で実用的に使われる（**図 1.6**）．

(2) 分　類

　与えられたカテゴリにデータを振り分けることを**分類**という．**図 1.7** のように，花の種類と画像の対応を

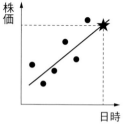

図 1.6　回帰

学習させて新たな画像の種類を判別したり，読み取った手書き画像から文字を認識したり，迷惑メールをフィルタリングする場合などに使われる．

(3) クラスタリング

　与えられたデータの特徴量の似たものをグルー
プ化することを**クラスタリング**という．たとえ
ば，所得と購入金額などの顧客情報から購買層を
分類したり，花弁の長さなどの特徴量から植物を
分類する場合に使われる（**図 1.8**）．分類のように
最初からあてはめるべきカテゴリーが明確な場合
とは異なり，データのみから似た性質のものをま
とめるような問題に使われる．

(4) 推　薦

　顧客に対して関心のありそうな商品やサービスを
提示することを**推薦**という．オンラインショッピン
グのサイトなどで顧客が検討しているのと似た商品
を提示したり，顧客と似た層の客が購入したものを
提示する場合などに使われる．

　今後，回帰，分類，クラスタリング，推薦以外に
もたくさんの分野において人工知能が活躍すること
が期待されている．しかし，人工知能で使われる手法は多数あり，問題解決にう
まくあてはまる場合とそうでない場合がある．手法の選択や問題の適用の仕方，
データの妥当性を評価せずに利用すると間違った結果を得ることもあるので注意
が必要である．人工知能で使われる代表的な手法については 7 章で述べる．

桜　　バラ　ひまわり

図 1.7　分類

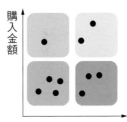

図 1.8　クラスタリング

2章
コンピュータネットワーク

　最近では，SNS などを利用した人とのつながりが必要不可欠になり，多くの人がスマートフォンなどの通信手段を手放せなくなってきている．このようなつながりを支える重要なインフラが，インターネットをはじめとするコンピュータネットワークである．ネットワーク自体は，ブラックボックスとして利用するだけで構わないが，頻繁に起こるセキュリティ上の問題の対策を考えるうえで，基本的な仕組みを理解することは避けて通れない．この章では，コンピュータネットワークの形態や構成について学習し，セキュリティに関する課題を理解する．

2.1　コンピュータネットワークとは

　コンピュータネットワーク（以降は単にネットワークと呼ぶ）とは，電子機器どうしが電気的にデータの送受信をできるようにしたものである．電子機器には，コンピュータ，プリンタをはじめとして，携帯電話，ゲーム機などの家電製品など多くのものがあり，ネットワークは成長し続けている．

　会社や学校の中などの範囲で局所的につながるネットワークのことを **LAN**（Local Area Network）と呼び，より広い範囲で大域的につながるネットワークのことを **WAN**（Wide Area Network）と呼んでいる（**図 2.1**）．LAN と WAN の区別は必

図 2.1　LAN と WAN

ずしも明確ではなく，たとえば，会社の中といっても支店が何ヵ所もある場合には，それぞれの支店内が LAN になり，会社全体としては WAN になる．ネットワークを管理している管理者が，機器の状態をすぐにチェックできる程度の範囲を LAN ということが多い．

2.2 ネットワークの形態

ネットワークにおけるコンピュータの接続形態には，大きく分けて，バス型，リング型，スター型の3種類がある．

(1) バス型

バス型は，図 2.2 のように，1本
の通信ケーブルに複数台のコンピュ
ータが接続されたもので，各コンピ
ュータが通信制御を行う．設定によ

図 2.2　バス型

ってはデータの衝突が生じることもあり，現在ではあまり使われない．

(2) リング型

リング型は，図 2.3 のように，閉じたケーブルに複
数台のコンピュータが接続されたもので，隣接するコ
ンピュータへとデータが転送される．1台のコンピュ
ータが故障した場合には，次にデータを送ることがで
きなくなるため，何らかの対策が必要になる．

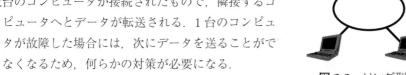

図 2.3　リング型

(3) スター型

スター型は，図 2.4 のように，ハブと呼ばれる
集線装置を中心に複数台のコンピュータが接続さ
れたもので，手軽に増設できるため，最もよく使
われる．ハブの先にさらにハブを取り付けて，カ
スケード状にコンピュータを接続することも可能
である．

ハブ

図 2.4　スター型

2.3 ネットワークの構成

処理を行うコンピュータのネットワーク内での構成は，集中処理システムと分
散処理システムに分けることができる．

(1) 集中処理システム

集中処理システムは，図**2.5**のように，中心となるコンピュータが主だった処理のすべてを管理し，ユーザ端末は入出力のみを行うような構成である．中心となるコンピュータのことを，**ホストコンピュータ**という．集中処理システムでは，プログラムやデータを一元管理できるため，保守性が向上する．また，個人情報の閲覧状況を管理し，流出を防ぐためには有利な構成である．

図**2.5**　集中処理システム

(2) 分散処理システム

分散処理システムは，複数のコンピュータで処理を分散して管理する構成である（図**2.6**）．分散処理システムでは，それぞれのコンピュータの負荷が分散されるため，比較的小規模のコンピュータで実現できる．また，一つのサービスを提供するコンピュータが故障してもほかのサービスは実行できるので，システム全体の信頼性が向上する．

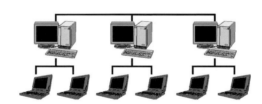

図**2.6**　分散処理システム

分散処理システムの中で，接続されたコンピュータどうしが対等にサービスを提供しあう，図**2.7**のような構成を**ピアツーピア**といい，**P2P**と書くこともある．

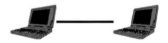

図**2.7**　ピアツーピア接続

ピアツーピアに対して，サービスを提供するコンピュータと，サービスを受けるコンピュータとを分けた構成を**クライアントサーバシステム**という．サービスを提供するコンピュータのことを**サーバ**といい，サービスの種類によって，メールサーバ，ウェブサーバ，ファイルサーバ，ネームサーバなど多くの種類がある．サーバに対して，サービスを受けるコンピュータのことを**クライアント**とい

う．一般に個人が利用するパソコンは，サービスを受けるだけなので，クライアントの位置づけになる．サーバは，サービスの種類ごとに異なるコンピュータを使う場合もあれば，1台のコンピュータが複数種類のサーバを兼ねることもある．また，負荷を分散するために，1種類のサービスを複数台のコンピュータで提供することもある．

2.4　インターネット

(1) インターネットとは

　広域ネットワークのことを WAN というが，広域といっても通常は地域の中，国の中などの範囲に限られる．国と国との間のように，もっと広い範囲でのネットワークとして一般的に使われているのが**インターネット**である．インターネットとは，「ネット」(network) の「間」(inter) という意味で，ネットワークどうしを結んだネットワークのことを意味する．すなわち，**図2.8** に示すように，WAN のような地域ネットワークどうしを網目状に

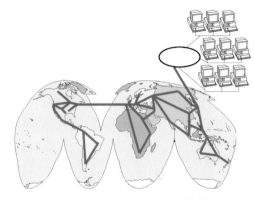

図2.8　インターネット接続

結びつけたネットワーク全体がインターネットである．インターネットによって，世界中で情報の伝達ができるようになり，ホームページ閲覧，メール送受信，ファイル転送，遠隔操作などに利用されている．

　ホームページには WWW という技術が使われている．**WWW** とは World Wide Web の略で，世界中に広がるクモの巣（ネットワーク）のことを意味する．どこかにデータの中心があって，一方的に発信するのではなく，どこからでも情報を発信でき，どこでも受信できる．パソコン程度の小規模なコンピュータでも自由に情報発信ができる．本来は，一連の**ウェブページ**が置かれている**ウェブサイト**の中で，最初に表示されるページのことをホームページと呼んでいたが，今では厳密な区別をせずに，ウェブページのことも，ウェブサイトのこともホームページという言葉で総称することが多くなっている．

　ホームページを閲覧するには，Edge，Chrome，Firefox，Safari などの**ブラウザ**（**閲覧ソフト**）を利用する．ホームページのアドレスのことを **URL**（Uniform Resource Location）といい，URL が簡単な場合にはブラウザで直接アドレスを入力するが，ほとんどの場合は，入り口となる検索サイトから希望のサイトを検索する．入り口となるサイトのことを**ポータルサイト**と呼び，Google（www.google.co.jp）や Yahoo!（www.yahoo.co.jp）などがよく使われる．

　ポータルサイトの**検索エンジン**では，入力された単語や句から，有用と思われる順に結果が表示されるが，表示順位は検索エンジンによって大きく異なる．ホームページを掲載しているサイトは，表示順位ができるだけ高くなるように様々な工夫を凝らしている．場合によっては，実際の掲載内容と関係ないキーワードを使うような不正操作もある．ポータルサイトは，できるだけ公正になるように評価基準の見直しを常に行っているため，表示順位は頻繁に入れ替わる．上位にランクされるための検索エンジン対策のことを **SEO**（Search Engine Optimization）といい，検索キーワードに合わせた広告を掲載することを **SEM**（Search Engine Marketing）という．新聞，テレビ，ラジオの利用者が減少し，広告効果が期待できない昨今，SEO 対策，SEM 対策は，ビジネスをするうえで重要な意味をもつ．

　検索履歴，オンラインショッピングの購入履歴，SNS の投稿履歴など，ホームページ上で行き交う膨大な情報を**ビッグデータ**といい，様々なビジネスでビッグデータの活用が重要視されている．

(2) インターネットにおける情報の流れ

　家庭のパソコンからインターネットに接続するときには，**ISP**（Internet Service Provider）（略して**プロバイダ**ともいう）と契約する．利用料金として支払うのは家庭から ISP のアクセスポイントまでの料金であり，アクセスポイントの先は，どこまでアクセスしても同じ料金しかかからない．利用料金が物理的な距離に依存しないのは，インターネットの情報伝達がバケツリレー方式を基本としているためである．たとえば，メールを送るときに，家庭のパソコンからアクセスポイントのサーバまでは直接メールを送付するが，サーバから先は，送付先アドレスに応じて近くのサーバや**ルータ**（経路制御機器）に転送し，受け取ったサーバ，ルータは次の機器に転送する，ということを繰り返して目的のアドレスにたどり着く（**図 2.9**）．ISP が処理するのは隣接装置までなので，最終的な送り先までの距離が離れていても料金は変わらない．ホームページを閲覧するとき

も，ウェブサーバから複数のサーバやルータを経由してコンテンツ情報が送られてくる．

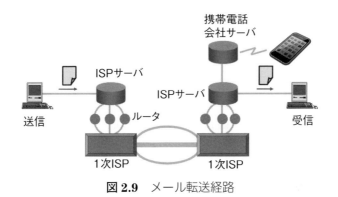

図2.9 メール転送経路

　もしも途中のサーバが故障していると，メールが送られなかったり，ホームページが見られなかったりという不都合が生じる．故障などの不具合があるときには，サーバの管理者は，サーバを流れる情報を把握して復旧作業を行わなければならない．したがって，管理者は，メールの内容やホームページのアクセス記録などを確認することが技術的には可能であり，内容を確認する行為自体に違法性はない．したがって，「インターネット経由のメールは，封書ではなく，ハガキ程度の安全性しかない」といわれる．基本的には，誰かに見られても問題ない情報の送受信のみにとどめたほうが無難であり，秘密の情報をメールで送らなければならない場合には，文書を暗号化する必要がある．メールだけでなく，ホームページでの情報書き込みについても，ハガキ程度の安全性しかないため，個人情報などの記載には注意が必要である．

2.5　有線接続手段

　金属線や光ファイバなどのケーブルで接続できる通信手段としては，CATV，ADSL，FTTHなどが代表的である．

(1) CATV

　CATV は，もともとケーブルテレビの放送送信用の空いたスペースをデータ通信用に利用したものであり，映像，音声の通信回線に余裕があるため，高速な通信が可能である．

(2) ADSL

　ADSL（Asymmetric Digital Subscriber Line）は，非対称ディジタル加入者線と
訳される．ADSL 以外にも SDSL や HDSL など多くの
種類があるのを総称して xDSL などと表記される．非
対称というのは，上りと下りの通信速度が異なるとい
う意味である．インターネットを上流，ユーザが利用
するコンピュータを下流と見たときに，上流から下流
の方向が下り（download）であり，下流から上流の方
向が上り（upload）である（**図 2.10**）．利用方法でい
うと，ホームページを閲覧したりファイルをダウンロ
ードするのが下り，メールを送信したりホームページ
を更新したりするのが上りになる．一般には，ホーム
ページを高速に閲覧できることが望ましいため，下り

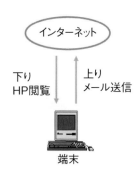

図 2.10　上り方向，下
り方向

のほうが上りよりも高速になっている．ADSL は，専用線を利用せずに固定電話
の電話線を利用できるので，特別な工事が不要で，安価に導入できるというメリ
ットがある．しかし，電話用の金属線のためノイズに弱く，電話局から家庭まで
の距離が長くなるほど，ノイズや金属抵抗の影響で通信速度が遅くなるという問
題がある．

　IP 電話は，ADSL などの高速通信を利用して，インターネットのディジタルデ
ータとして音声情報を送受信する．インターネットの利用なので，相手との距離
にかかわらず一定の通話料金となり，特に長距離通話では格安に利用できる．支
店間でのやりとりの多い企業では，コスト削減のために利用されている．なお，
インターネットを利用した電話として **Skype**（スカイプ）などがよく知られてい
るが，IP 電話は通信会社が有償で提供する安定した電話サービスであるのに対
し，Skype などは通話者どうしの自己責任を前提としたサービスという点で異なる．

　IP 電話では，**図 2.11** に示すように**VoIP**（Voice over IP）ゲートウェイという装
置により，音声をディジタルデータである**音声パケット**に変換し，ルータ（経路
制御装置）を介してインターネット上に流す．**パケット**とは，制御情報の付いた
細かい単位に分割した通信情報で，パケットを利用することで回線を占有せずに
効率的な通信が行えるようになる．一般に，TCP/IP プロトコルを使うインターネ
ットで送るデータには，データ到着時間や順序についての保証がないが，音声パ
ケットでは優先度を制御したり，付加データを圧縮したりすることで，実時間の

音声通話を実現している．ADSLでは，下りのみが高速だが，IP電話やテレビ電話の利用が広まるにつれ，上り速度の高速化も必要になる．

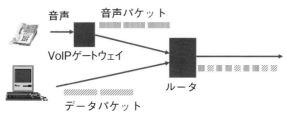

図 2.11　IP電話

(3) FTTH

FTTH（Fiber To The Home）は，光ファイバを使って家庭まで高速通信を行うことをいう．アナログの電話線を使ったADSLと違い，専用の光ファイバなのでノイズの影響を受けにくく，安定に高速な通信を実現できる．

かつて，アメリカで**情報スーパーハイウェイ**（情報通信の高速路）が設置されたときに，基幹回線は非常に高速になったが，アクセスポイントから家庭までが低速だったため，結局は低速通信しか行えないという問題が生じた．通信速度のボトルネックは，**ラストワンマイル問題**（最後の1マイル問題）と呼ばれ（**図 2.12**），ラストワンマイル問題を解決するためには，家庭までの高速通信が重要との理由から，あえて「To The Home（家庭まで）」という言葉が使われている．

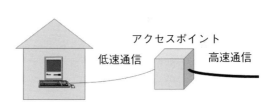

図 2.12　ラストワンマイル問題

2.6　無線接続手段

ネットワークの接続手段として重要性が増している無線通信の中で，代表的な通信手段は，IrDA，非接触型ICカード，Bluetooth，無線LANである．

(1) IrDA

IrDA（Infrared Data Association）は，赤外線通信の規格で，家電製品用のリモコンや携帯電話の個人データ交換などで利用されている．IrDAには，低速なもの

から高速なものまであるが，速いものでは ADSL 並みの高速データ通信も可能である．しかし，送信機と受信機の間に遮蔽物があると通信できないため，短い距離での通信にしか利用できない．

(2) 非接触型 IC カード

非接触型 IC カードは，直接接触させなくてもカードの情報を得て課金などの処理ができるもので，JR の Suica などで使われている．カードには IC チップとアンテナがあり，アンテナによって電源も供給される．通信速度は比較的速いが，発信器から電源を供給しなければならないため，発信器との距離をあまり離すことはできない．一般に，ラジオ周波数を使う IC タグの総称を **RFID**（Radio Frequency ID）といい，商品に付けられたタグにより流通経路を明らかにしたり，POS 情報を記録したりするなど，商品情報を一元管理するための中心的技術となっている．

(3) Bluetooth

Bluetooth（ブルートゥース）は，携帯電話，パソコン，カーナビ，マウス，キーボード，ヘッドホン，ゲーム機などに搭載されている通信規格であり，10m 程度の範囲内にある複数の Bluetooth 機器どうしが自動的に通信し合って情報のやりとりをする．たとえば，携帯電話をカーナビのそばに置くとハンズフリーの通話できたり，ワイヤレスイヤホンを携帯電話に接続したりといった使い方が可能である．いつでもどこでもネットワークに接続できるユビキタスなネットワーク環境構築に有効な手段として注目されている．ただし，無線 LAN や電子レンジと同じ周波数帯を使用するため，電波干渉が問題になる可能性があり，また個人情報のセキュリティに関しても若干の課題が残っている．

(4) 無線 LAN

喫茶店，駅，ホテルなどの公共の場所の**ホットスポット**や家庭において，無線 LAN を利用してインターネット接続することが多くなっている．面倒な接続手続きなしに高速の通信が実現できるため，広く普及している．無線 LAN の業界団体が定めた業界標準に，Wireless Fidelity を略した **Wi-Fi**（ワイファイ）という規格があり，Wi-Fi 認定を受けた機器に表示されていたが，今ではほとんどの機器が Wi-Fi に対応しているので，無線 LAN と Wi-Fi はほぼ同じ意味で使われる．家庭でよく使われる無線 LAN には，IEEE802.11a/b/g/n/ac などの規格があり，パソコンの対応状況に注意が必要である．また，暗号キーを正しく設定しないと通信中の情報が盗聴される危険性があるため，公衆無線 LAN の利用には注意が必要

である．

2.7 プロトコル

(1) プロトコルとは

　コンピュータや周辺機器は，多くの国の多くのメーカーが製造しているので，ネットワーク上での送受信には国際的な規格が必要である．国際的な規格としては，国際標準化機構（ISO）が定めた **OSI**（Open System Interconnection）という方針に基づいて標準規約が定められている．コンピュータが従うべきデータ転送規約のことを**プロトコル**といい，OSIではプロトコルを**図2.13**のような7層に分けて定義している．上がユーザに近い側，下がハードウェアに近い側の階層である．たとえば，物理層では，何ボルト以上を1とし，何ボルト以下を0とするか，コネクタの形状をどうするかなどの規格が定められている．

アプリケーション層	アプリケーション通信	ユーザ側
プレゼンテーション層	データ表現形式	⇧
セッション層	転送効率化	
トランスポート層	データ転送確認	
ネットワーク層	経路情報	
データリンク層	隣接機器間転送	⇩
物理層	通信機器	ハードウェア側

図2.13 OSIの7層モデル

　インターネットでは，OSIの7層モデルと同様の4層に分かれたモデルを使用している．ホームページのアドレスでよく目にする **HTTP**（Hyper Text Transfer Protocol）は，ハイパーテキスト（文字，図，音，表など）を送るためのアプリケーション層の転送プロトコルの一つである．トランスポート層の **TCP**（Transmission Control Protocol），ネットワーク層の **IP**（Internet Protocol）は，インターネット技術の本質ともいうべき大事なプロトコルである．

(2) IPアドレスとドメイン名

　インターネットには世界中の情報機器が接続されるので，メールを送ったり，

ホームページにアクセスしたりするコンピュータを正しく指定しなければならない．コンピュータの住所にあたる名前を **IPアドレス**といい，ネットワーク層のIPプロトコルに従って番号が決められている．たとえば，123.45.67.89のように，ピリオドで区切った0〜255の四つの数字の並びがIPアドレスとなる．LAN内部では，割り当てられたIPを，有効部分を指定する数値である**サブネットマスク**で分割することで，局所的にアドレスの数を増やしている．

　最近では，携帯電話や家電製品もネットワークに接続されるため，IPアドレスが枯渇しており，すでに古い規約のIPv4では新たにアドレスを割り当てることができなくなった．**IPv6**という新しい規約の導入により，従来は2進数で32桁だったアドレスを，128桁まで増やすことでIPアドレスの不足を解消しようとしているが，必ずしも順調に移行が進んでいるわけではない．

　IPアドレスは，桁数の多い数字の並びであるために，覚えにくく入力間違いも多い．通常は，IPアドレスに対応するわかりやすい名前として**ドメイン名**が使われる．ドメイン名とは，「daigaku.ac.jp」のように適当なアルファベットの組合せで表現された名前であり，ホームページアドレスやメールアドレスとして使われる．日本の会社であれば「.co.jp」，日本の学校であれば「.ac.jp」のように，ドメイン名の後ろの二つは，種別と国を表している．IPアドレスとドメイン名の変換を行うサーバを **DNS**（Domain Name System）サーバという．

　かつては，わかりやすいドメイン名が商業的に有利であったために，似た名前の会社が同じドメイン名を取得しようとして争う**ドメイン名紛争**が頻発していた．しかし，現在では，ドメイン名自体よりも，検索の上位にランクされることの方が重視されるようになっている．

2.8　ネットワークセキュリティ

　通常，サーバとなっているコンピュータには，重要な情報が保存されている．したがって，不特定多数の人が利用するインターネットに接続するときには，サーバに対するセキュリティを保つ構成が必要になる．セキュリティを保つために，内部ネットワークとインターネットの間に設置される機器がファイアウォールである（**図2.14**）．**ファイアウォール**とは，防火壁のことで，インターネットの世界にある火，すなわち犯罪的行為から自分の身を守る壁になるコンピュータである．ファイアウォールは，誰が何のサービスを受けるかを制御する機器なので，設置しただけで安全というわけではなく，管理者が制御情報を適切に設定し

ないと意味がない.

　ホームページを管理するウェブサー
バのように, 不特定多数の人に公開す
るサーバの場合, ユーザを制限するこ
とはできないため, ファイアウォール
の内部に置くことはできない. ウェブ
サーバのような公開サーバは, 誰でも
アクセスできるサーバとして位置づけ
られ, **DMZ**(DeMilitarized Zone) と呼
ばれる. DMZ は, **緩衝地帯**, もしくは

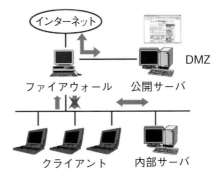

図 **2.14**　ファイアウォール

非武装地帯と訳される. DMZ は, 技術的には攻撃可能であっても, 攻撃しないよ
うに努めるという紳士協定を前提に成り立っている. したがって, 原理的には,
ホームページには改ざんの危険性があり, 改ざんされたホームページにウイルス
が仕込まれるという犯罪もあるので注意が必要である. また, SSL などにより,
通信途中が暗号化されていたとしても, ウェブサーバ上の情報は読み取られる危
険性があるので DMZ のウェブサーバにデータが保存されるサイトに個人情報を
書き込むことは避けるべきである.

2.9　パーソナルセキュリティ

(1) ウイルス対策ソフト

　コンピュータウイルス対策は, セキュリティソフトをインストールすることが
第一歩である. 無料でダウンロードできる海外製のソフトもあるが, 日本語での
アフターケアのことも考えれば, 国内で市販されているソフトを購入, インスト
ールするのが基本であろう. 最近では, それ自体が悪意のプログラムである偽セ
キュリティソフトも存在しているので, ソフトを選択する際にはいっそうの注意
が必要である. また, インストール後, 新種のウイルスに対応できる**パターンフ
ァイル**(ウイルス定義ファイル)を常に最新のものに更新していなければ, 真の
ウイルス対策とはいえない. セキュリティソフトの良し悪しは, このパターンフ
ァイル更新の頻度と, 感染した場合の対処の仕方に対するサポート態勢で判定で
きるといえよう. パソコン購入時にすでにソフトがプリインストールされている
ことで安心してしまうユーザがいるが, 放置しておいては意味がないので注意が
必要である. また, 新しいセキュリティソフトを購入しインストールするとき

は，ソフトの性格上，必ず古いものをアンインストールしてから再起動し，その後でインストールするように心がけるとよい．

　ウイルスの感染経路は実にさまざまだが，メールを通じて感染するウイルスであれば，添付ファイルを開かなければほぼ大丈夫といえようが，特定のウイルスに狙われるようなソフトは避けるに越したことはない．また最近では，ネットを通じる以外にも，手軽になった**USBメモリといった外部記憶メディアに潜んでいる場合もある**ので，ますますウイルス対策ソフトの必要性が高まっていると言わざるを得ない．

(2) OSのアップデートとバックアップ

　さらにウイルス対策の一環として，OS（Operating System）のアップデートを管理することも大切である．OSのアップデートには，ウイルス対策として**セキュリティホール**（セキュリティ上の穴，不備）にパッチをあてがう作業も含まれている．アップデート後，ごくまれにソフト間のトラブル（特定のファイルが開けなくなるなど）が生じることもあるが，それでも，最低限のアップデートも行わずにネットに接続するのは危険であると知るべきであろう．とはいえ，トラブルを完全に防ぐことはできないのだから，いつ何時トラブルが起こっても仕方がないという心構えとその対処も念頭に置き，**データはこまめにバックアップしておくことが肝要である．スマートフォンのOSやソフトウェアも，コンピュータと同様に，最新の状態に更新しておく**ことが必要である．

(3) プロバイダの利用と「トロイの木馬」

　現在では，一般民間のプロバイダがウイルスをチェックしてくれるサービスも普及してきた．加入しているプロバイダにチェックをしてもらうと同時に，使用しているパソコン側でもセキュリティソフトを使用するという二重ガードをかければ，よりセキュリティは強固になろう．プロバイダのサービスを利用する場合，チェックするメールアドレスを自社に限定している場合もあるので，あらかじめ確認しておく必要がある．さらに注意を要するのは，パソコンの調子が悪いとすぐにウイルスだと判断しがちだが，実はウェブページからダウンロードしたプログラムのなかに意図的に悪さをするプログラムが潜んでいる場合があり，そのためにパソコンが不調になるという場合もあるのである．いわゆる「**トロイの木馬**」型と呼ばれる悪意のプログラムである．ウェブページを閲覧していると，突如「今すぐダウンロードしますか？」という確認画面が出ることがあるが，記載されている意味が不明で納得がいかない場合は，極力ダウンロードすべきでは

ない．これらの悪質なプログラムは，メールなどで拡がるウイルスとは異なり，非常に種類が多く，ダウンロード時には一般的なウイルス対策ソフトでは対応しづらいものである．つまり，トロイの木馬型かどうかを判別したうえで，それに見合った駆除プログラムを改めて使用しなければならない非常に厄介なプログラムだといえよう．

(4) ファイアウォールと無線 LAN/Wi-Fi

　不正アクセスに対する対策としては，**ファイアウォール**（**防火壁**）と呼ばれる不正侵入防止システムを設定するのがもっとも一般的である．だが，もちろんそれだけでは十分とはいえず，まれにファイアウォールそのものにセキュリティホールがあることを考慮して，暗号化や不正アクセスの常時監視などと組み合わせて利用しなければ本来の機能を発揮しない．個人ユーザの場合は，パーソナルなファイアウォールを設定できるソフト（たとえば，ウイルス対策ソフトに機能として含まれているものもある）が市販・配布されているので，それを導入するケースが多い．

　家庭で無線 LAN 向けルータを使用する場合は，**WPA2-PSK** や，その後継の**WPA3-personal** といった認証・暗号化方式を採用したものでなければ，セキュリティが確保されたとは言い難い．また最近では，スマートフォンからネット接続する場合，その高速性から Wi-Fi スポットを利用するケースも増えてきた．Wi-Fi への接続は確かに自動接続に設定しておくと便利ではあるが，その半面，不正侵入に気づかないこともありうる．少しでも不安がある場所では，**自動接続を解除するか**，通信速度は遅くなるが，**VPN**（**Virtual Private Network**）ソフトとサービスを使って通信を保護すべきである．

(5) パスワードによる自己防衛

　不正アクセスの多発が社会的に認知されるに及んで，こうしたファイアウォールの設置は一般化したといえるが，しかし，ある意味でもっと素朴で重要な対策手段は，現在のところパスワードによるアクセス制御とパスワードの管理である．アクセスを制御するのは，管理者の分担業務であるから，ここではひとまず置いて，私たちが行うべきパスワードの管理を考えてみよう．銀行のキャッシュカードの暗証番号のように，私たちの日常生活の中でもパスワードの設定は一般化しているが，はたしてどれだけ私たちは真剣にパスワードのことを考えているであろうか．パスワードは，現在のネットワーク社会にあっては，「まだ」自己防衛の最大の武器と心得るべきであろう．パスワードは第三者に絶対に教えてはな

らず，したがって貸し借りできない唯一のものであって，**ある一定の期間を経たら必ず変更すべきもの**であることはいうまでもない．

　パスワードを作成するときは，個人を特定できる情報を含めるべきでなく，個人名・ニックネーム・イニシャル・生年月日・住所・携帯電話番号・ペット名・判読可能な英単語などを使ったものは弱いパスワードといえよう．一方，強いパスワードとは，アルファベットや数字，使用できる記号を完全に無秩序に並べたものといえるが，そうなると逆に記憶するのに一苦労するし，初めて作成する人はなおさら困惑することになろう．パスワード作成の一例だが，暗記できるような簡単な日本語の文章を作成し（例：「今年はスノーボードを頑張ってみる」），その文節の最初のアルファベットを並べ（ksgm），それに数字（例：「2017 年」と「平成 29 年」）や記号を規則性をもたせて混在させると（例：「k1s7g2m9」）覚えやすく，かつ強いパスワードとなる．ケータイやスマートフォンなども，端末機そのものへの不正アクセスを防ぐために，パスコード設定をしておくとよい．

　最近，アカウントの乗っ取りなど，被害の多くはユーザによる**パスワードの使い回し**が原因となっている．パスワードは，どんなに面倒でも個別に設定するからこそ意味があり，防衛手段となり得ることを肝に銘じておくべきである．最近ではパスワード管理ソフトなども出回っているが，自己管理のもとでのメモというアナログの手法に回帰する人も多いようである．

(6) パスワードの漏えい

　パスワードは第三者に教えるものではないことは上述したとおりだが，第三者に盗まれる場合がある．たとえば，管理者あるいはセキュリティ担当者と称してパスワードを聞き出す手口「**ソーシャルエンジニアリング**」や，キーボードから入力された文字列を記憶するソフト「**キーロガー**」が仕掛けられた場合などがそうである．また，特定のウェブページを開く際に入力されたパスワードが第三者の手に渡ることもある．

　インターネットカフェなどでは，パスワードなど重要な個人情報を入力しないようにすれば，ある程度は防ぐことができるが，自宅でウェブページを閲覧している際はどうしたらいいだろうか．一つの目安になるのが，後述する**暗号化技術**（**SSL**）を使用しているページかどうかということになろう．一般的にはブラウザの右下に鍵マークが出ていれば暗号化されているページだが，より確実には，画面のどこかを右クリックし，プルダウンメニューのプロパティで，アドレス（URL）が「http」ではなく，「**https**」で始まっていることを確認できればひとま

ず安心である（p.41 参照）．とはいえ，前述のキーロガーが**スパイウェア***として知らぬ間に機能している場合は，この限りではないが，多くの場合，ウイルス対策ソフトがインストールされていれば防げるはずである．不用意にメールアドレスやパスワードを入力すると盗用されることをくれぐれも忘れてはならない．

(7) ブラウザの設定

　ブラウザには，**クッキー**（**Cookie**）に対する設定をしておくようにしよう．クッキーとは，ウェブページ閲覧に際して生じた個人情報（閲覧場所・アクセス者・アクセス回数など）を記録する小さなファイルで，サーバ設定により閲覧者のパソコンに自動的に送信されてくるものである．現在ではクッキー情報を様々に利用する方法が考案されており，サービスによっては非常に有効であるといえるが，悪用されると悪質なプログラムが仕組まれるなど危険性も高いものである．こうしたクッキーは，ブラウザの設定によって拒否することもできるので，閲覧するウェブページの信頼性をもとに，ユーザの判断によって設定を行っておくように心がけるとよい．たとえば，クッキーを受け入れるかどうか，その都度ダイアログを表示させるように設定しておくと，そのウェブページのプロパティや作成者の意図などを推察するのに役立つ．またネットカフェなど自宅外では，PC 利用後 **Cookie ファイルを都度削除する**ように心がけよう．

　また，**ActiveX コントロール**のダウンロードや，**Java アプレット**の実行時も，その都度ユーザに問い合わせる設定にしておくことをお勧めする．これらは原理的にプログラムであるため，上述したように，ウイルスや悪質なプログラムが潜んでいる場合が否定できない．一般的にはセキュリティレベルを「中」に設定しておけばよいだろう．

2.10 暗 号 化

　インターネットを使ううえでは，様々な危険性と隣り合わせであることを見てきたが，危険を回避するための要となる技術が暗号化である．本節では，暗号化の基本概念を説明する．

(1) 古典的暗号

　与えられた原文が推測できないように変換することを**暗号化**といい，原文に戻すことを**復号**という（**図 2.15**）．暗号化の歴史は古く，紀元前から，勝負におい

---

*ユーザの個人情報などを収集し，外部に送信するプログラム．

て敵に知られずに味方どうしで情
報を伝えるために暗号が使われて
いた.

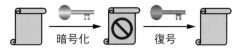

図2.15　暗号化と復号

　古典的な暗号である**シーザー暗
号**は，文字をずらす暗号化であり，文字を置き換える**換字式**の暗号方式の一つである.　たとえば，「NIHON」というアルファベットを3文字ずらすと「QLKRQ」という文字列に置き換わる（**図2.16**）.　受け取る側では，何文字ずらしたかを知らないと復号できない.　通常は，規則的にずらすのではなく，通信者どうしが共通にもつ乱数表などを使って文字を置き換える.

図2.16　換字式暗号方式

　機械を使う**転置式**の暗号化の一つである**スキュタレー暗号**では，円筒にリボンを巻き付けて，リボンに文字を横に書いて送る（**図2.17**）.　リボンだけ見ても何が書いてあるのかわからないが，受け取った側では，同じ直径の円筒に巻き付ければ，元の文に復号できる.

図2.17　転置式暗号方式

(2) 最近の暗号

　コンピュータを使って暗号化，復号を行うために，暗号化を数学的に

$$y = f(x, k)$$

という関数の形に直して考える.　数学では，x, k が入力，y が出力，f が変換関数だが，暗号化では，x が原文，y が暗号化された文書，f が暗号化する変換規則と解釈する.　さらに，k は鍵にあたる.　たとえば，シーザー暗号で「NIHON」を「QLKRQ」に3文字ずらして変換する場合には，数字の3が鍵になる.　したがって暗号化の関数は

$$\text{"QLKRQ"} = f(\text{"NIHON"}, 3)$$

のような形になる．シーザー暗号の関数 f は単純に文字をずらすだけだが，コンピュータを使う場合には複雑な計算が用いられる．コンピュータの暗号化でよく用いられる **DES** (Data Encryption Standard) や **RSA** (Rivest, Shamir, Adleman) などの暗号方式では，コンピュータの乱数，素因数分解，楕円積分という複雑な計算を利用しているため，計算の仕方，すなわち関数 f が公開されていても，鍵を知らない限り実用的な時間で暗号を解くことはできない．

(3) 秘密鍵と公開鍵

　暗号化して送る側と，受け取って復号する側が共通の鍵をもち，他人に鍵を知られないように通信する暗号化方式を**秘密鍵方式**，もしくは，**共通鍵方式**という（**図 2.18**）．秘密鍵方式に対して，鍵を第三者にも公開してしまう暗号化方式を**公開鍵方式**という．鍵を公開してしまっては暗号化の意味がないように思われるが，実際には公開鍵方式が今の暗号化の主流となっている．なぜならば，鍵自体もネットワーク経由で送られることが多く，インターネットでの通信にはハガキ程度の安全性しかないためである．

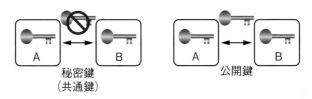

図 2.18　秘密鍵方式と公開鍵方式

① 公開鍵方式による秘密文書通信

　図 2.19 のように，送信者 A から受信者 B にメール文書を送る場合を考える．受け手である B は，暗号化する鍵と，暗号を解く復号用の鍵をもっている．最初に，A は暗号化するための公開鍵を B からインターネット経由で送ってもらう．公開するのは暗号化の鍵だけであり，復号用の鍵は B が保管している．次に，A は B から受け取った公開鍵でメール文書を暗号化し，B に文書を送付する．いったん暗号化された文書は A でも元に戻すことはできず，暗号化された文書がインターネットの途中で盗まれたとしても復号される心配はない．元の文書に戻すことができるのは，復号用の鍵をもっている B だけなので，安全に文書を送ることができる．

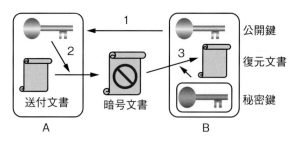

図 2.19　公開鍵による通信

② 公開鍵方式による認証

認証とは，送られてきた文書が本人からのものであるかどうかを確かめることである．インターネットでは，相手の顔が見えないため，身元を偽る**なりすまし**が容易であり，オンラインショッピングなどの金銭授受を伴うサービスでは認証が必須である．

図 2.20 のように，送信者 A から受信者 B へ文書を送るときに，B が文書の送り主を認証する場合を考える．A は暗号化と復号用の鍵をもつ．最初に，A は復号する鍵だけをインターネット経由で B に送る．次に，A は暗号化の秘密鍵を使って文書を暗号化して B に送る．B は送られた公開鍵を使って暗号文書を復号することができる．B に限らずインターネットを利用している第三者が途中で公開鍵と文書を盗んで文書を復元することもできるが，復元できた内容に意味はない．公開鍵で暗号文書が復元できたという事実は，復号用の鍵のペアとなる暗号化の鍵をもつ A のみが文書を送ることができる，ということを証明している．筆跡によって個人を特定するサインと同じ役割を果たすので，**ディジタル署名**と呼ばれる．

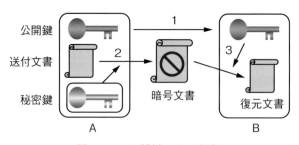

図 2.20　公開鍵による認証

(4) SSL によるウェブ認証

　ホームページで個人情報を入力する場合，ブラウザに錠のアイコンが表示さ
れ，プロトコルが https になっていることを確認する必要がある（**図 2.21**）．錠の
アイコンは，入力された情報が SSL によって暗号化されている状態であることを
表す．**SSL** とは，Secure Socket Layer のことで，公開鍵方式と秘密鍵方式によ
り，暗号化した状態で情報通信を行うことを示す．なお，現在では SSL を改良し
た TLS（Transport Layer Security）という仕組みが使われているが，ここでは
TLS も含めて SSL と総称する．

　オンラインショップを展開しているウェブサイトを例に SSL の仕組みを説明す
る．**図 2.22** において，ウェブサイトは，暗号化，復号用の鍵のペアをもち，暗号
化の鍵の方を VeriSign などの**認証局**（**CA**：Certificate Authority）に提出して，信
頼のおけるサイトであるとの証である**ディジタル証明書**を受ける．ユーザがウェ
ブサイトにアクセスするときに，ウェブサイトのもつ暗号化の鍵とディジタル証
明書を受け取る．ディジタル証明書の情報に基づいて，ユーザで新たな暗号化，

図 2.21　SSL が有効な状態

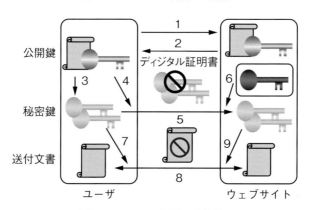

図 2.22　SSL を用いた通信

復号用の鍵を作成する．新たに作成した二つの鍵を，ウェブサイトから受け取った公開鍵で暗号化して，公開鍵方式でウェブサイトに送る．ウェブサイトでは，公開鍵に対応する復号用の鍵で二つの鍵を復号する．以降は，ユーザが作成した秘密鍵を両者が使い，秘密鍵方式で通信を行う．準備が整った時点で，ブラウザに錠がかかったアイコンが表示される状態となる．前処理を公開鍵方式，以降のやりとりを秘密鍵方式で行うのは，計算コストのかかる公開鍵方式よりも計算の容易な秘密鍵方式を多用することで，応答速度を上げるためである．

3章
コンピュータシステム
（ハードウェア）

　実際に触れることのできる機械装置のことをハードウェアという．パソコン，タブレット，スマートフォンなどのハードウェアを日常的に利用している人でも，ほとんどの場合は機械装置についての知識をもつことはない．それは，機械装置を知らなくても利用できるほどコンピュータが成熟してきた結果と考えることもできるが，現在のコンピュータの限界を知り，今後の展開を予測するためには，コンピュータの原理や構成を知っておいたほうがよい．この章では，コンピュータハードウェアの内部構成の基礎知識について学習する．

3.1 コンピュータの歴史

　計算するための道具には古くから様々なものがあり，紀元前にも**アバカス**という，そろばんの起源とされる道具が使われていた．産業革命以降の 17 世紀には**パスカルの計算機**や，**ライプニッツの乗算機**など，歯車を組み合わせた機械式の計算機が数多く考案され，計算や暗号化処理などのために利用された．1930 年代に入ると，電磁石でスイッチを切り替えるリレーという機械を動作させることで計算する**電気機械式計算機**が開発されるようになった．

　現在のコンピュータと同じ動作原理で動く世界最初の**電子式計算機**は，1946年にペンシルバニア大学の**ジョン・エッカート**（John Presper Eckert）と**ジョン・モークリー**（John William Mauchly）が開発した **ENIAC**（エニアック）という名の計算機とされている．もともとは，弾道を正確，かつ高速に計算するための軍事目的で開発された．ENIAC は 2 万本近くの真空管によって構成されたため，大きな消費電力を使い，大量の熱を発生するという問題点があり，目的とする処理に応じてスイッチや配線を切り替えなければならなかった．なお，ENIAC

と同様の原理で動作する**ABC**という試作機をアイオワ大学が1939年に開発しており，ABCが世界最初の電子式計算機だとする説もある．

　1949年にケンブリッジ大学が開発した**EDSAC**（エドサック）は，スイッチや配線の切り替えではなく，データによって処理を変更できる**プログラム内蔵方式**の計算機である．EDSACのように，プログラムをハードウェアから独立させて，データと同じように扱うコンピュータを，考案者である**フォン・ノイマン**（John von Neumann）の名前をとって**ノイマン型コンピュータ**と呼び，現在のコンピュータの基礎原理となっている．

3.2　コンピュータの種類

　コンピュータには，日常的に利用するパソコン（パーソナルコンピュータ）をはじめとして，**図3.1**に示すような種類がある．

　スーパーコンピュータは，最も高速に計算できるコンピュータで，複雑な構造解析，地震などの自然災害のシミュレーション，天気予報，新薬開発などに用いられる．**大型汎用計算機**は，多目的に使える高速な計算機で，銀行オンラインシステムや座席予約システムなどの大量のデータを処理するのに使われる．**ワークステーション**は，形も性能もパソコンと大差ないが，パソコンと違い，常時稼働させても故障が少ないという安定性がある．パソコンは，可搬性の違いにより，デスクトップ，ノートブックに分けられる．**タブレット**は，ホームページ閲覧やメール送受信などのインターネットの利用だけに特化したコンピュータである．**スマートフォン**は，携帯電話の一種だが，通信機能の付いたパソコンと考えることができる．

　パソコンやスマートフォンは，プログラムを変えれば様々な作業に使うことの

スーパーコンピュータ　　大型汎用計算機　　ワークステーション

デスクトップPC　　ノートPC　　タブレット　　スマートフォン

図3.1　コンピュータの種類

できるコンピュータなので，**汎用計算機**と呼ばれる．ゲーム機，カーナビ，電卓などは，それぞれの作業に特化しているコンピュータなので，**専用計算機**と呼ばれる．

3.3 コンピュータの機能

コンピュータを一言で表すと，「記憶」して「処理」する機械ということができる（**図 3.2**）．コンピュータにできる処理は非常に簡単な計算だけだが，記憶をすることによって，複雑な作業が実現できる．

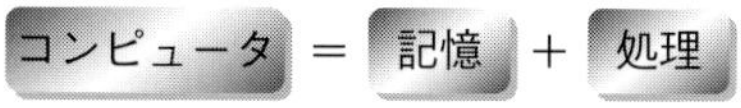

コンピュータ ＝ 記憶 ＋ 処理

図 3.2 コンピュータの機能

コンピュータの基本原理は，記憶と単純な処理の繰り返しである．記憶と処理の意味を理解するために，**図 3.3** のように，筆算で 345＋67 を計算する例を考える．処理としては，1 桁の計算と繰り上げのみができるものとする．筆算では，5＋7 を計算するときに，1 繰り上がって 2 を書く．繰り上がった 1 を記憶していれば，次の桁でも 4＋6＋1 の 1 桁の計算で処理できる．記憶と処理が十分高速に行えるならば，

$$
\begin{array}{r}
3\ 4\ 5 \\
+\quad 6\ 7 \\
\hline
{\scriptstyle 1\ 1} \\
4\ 1\ 2
\end{array}
$$

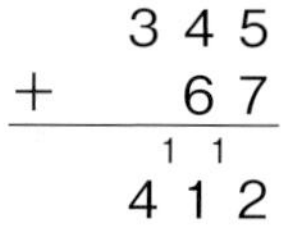

図 3.3 1 桁の足し算と桁上がりの記憶による計算

どれだけ桁数が増えても 1 桁の計算の繰り返しで計算できることになる．

3.4 コンピュータの構成要素

コンピュータは，演算装置，制御装置，記憶装置，入力装置，出力装置の 5 要素からなる（**図 3.4**）．**演算装置**は，コンピュータの頭脳にあたる装置で，計算などの処理を行う．CPU と呼ばれる装置が演算装置の機能をもつ．**制御装置**は，記憶装置からデータを読み込み，演算装置の指示に従って演算結果を記憶装置に書き込んだり，制御信号を送ったりする．

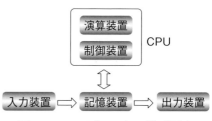

図 3.4 コンピュータの構成要素

CPU にも制御装置の機能がある．**記憶装置**は，様々なデータを記憶しておく部品で，メモリやハードディスクなどが該当する．CPU の中にも少量の記憶装置がある．**入力装置**は，ユーザからデータ入力を受ける装置で，キーボードやマウスな

どがある．**出力装置**は，処理結果をユーザに提示する装置で，ディスプレイやプリンタなどがある．

3.5　パソコンの内部構成

　デスクトップパソコンの内部には，**図3.5**のような様々な部品を見ることができる．

　パソコン内で大きな面積を占める，メインとなる基板のことを**マザーボード**という（**図3.6**）．マザーボード上で，ファンか放熱板が付いているのが**CPU**（Central Processing Unit：**中央演算処理装置**）と呼ばれる処理の中心となる部品であり，「コンピュータの頭脳」などとも称される．CPUの中には，演算装置，制御装置，記憶装置の機能が組み込まれている．動画処理や高品位ゲームには高度な処理が求められるため，CPUとは別に画面表示専用の**グラフィックプロセッサ（GPU）**が搭載されることもある．

　いくつかのICチップが規則正しく並んでいるものが**メモリ**で，CPUに直接データを送る記憶装置なので，**主記憶装置**とも呼ばれる．

　マザーボード上でのCPU，メモリ間などのデータの通り道のことを**バス（内部バス）**という．バスのデータや，外部機器とのデータを制御するICの組を**チップセット**という．

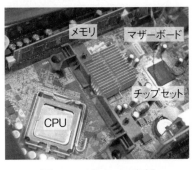

図**3.5**　パソコン内部

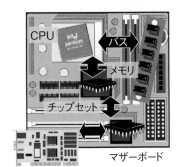

図**3.6**　パソコン内部のデータの流れ

　マザーボードとケーブルで接続された記憶装置が**ハードディスク**である．ハードディスクは，メモリの主記憶装置に対して，補助的な役割を担うため**補助記憶装置**と呼ばれる．最近では，ハードディスクよりも読み書き速度の速い**SSD**（Solid State Drive）が補助記憶装置として使われることが多い．CD–ROMやDVD–ROMなどはマザーボードから離れた記憶装置のため，**外部記憶装置**と呼ばれる．

　パソコン本体内部の部品に対して，キーボード，マウスなどの入力装置と，モ

ニタ，プリンタなどの出力装置を合わせて**周辺機器**と呼び，多くの周辺機器は，バスの一種である**USB**（Universal Serial Bus）などを介して接続される．

3.6 記 憶 装 置

(1) 記憶装置の特徴

コンピュータとは，記憶して処理する機械だが，処理する部品がCPUだけなのに対し，記憶する部品は，メモリ，ハードディスクなど多種類ある．また，CPU内部にも**キャッシュ**と呼ばれる小さな記憶領域がある．記憶装置が複数存在するのは，それぞれの装置に特徴があるからである．キャッシュは，データのアクセス速度（データを読み書きする速度）が最も高速だが，記憶容量が非常に小さい．メモリは，キャッシュより記憶容量は大きいが，アクセス速度はキャッシュより若干遅くなる．ただし，キャッシュと同様に電気的な読み書きなので，比較的高速である．ハードディスクは，大容量の記憶が可能だが，機械的な読み書きのため，アクセス速度は遅い．一般に，アクセス速度と記憶容量は反比例の関係になる（**図3.7**）．

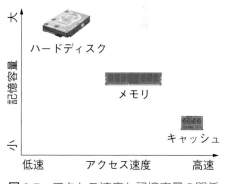

図3.7 アクセス速度と記憶容量の関係

(2) メモリ

メモリ（半導体メモリ）には RAM と ROM がある．

① **RAM**

RAM（Random Access Memory）は自由にデータの読み書きができる半導体メモリである．電源を切るとデータが失われるため，短期的記憶にしか使えない．一般にパソコンのメモリとして使われているのは RAM のうち **DRAM**（Dynamic RAM）と呼ばれているもので，静電気を記録する単純な構造のため安価に製造できるが，一定時間ごとの再読み込みが必要なため，アクセス速度がやや遅くなる．キャッシュには **SRAM**（Static RAM）が使われる．SRAM は，論理回路を構成する必要があるので高価だが，再読み込みの必要がないため低消費電力で，アクセス速度は高速である．

画面表示用に画面イメージ全体を記憶しておくメモリは，**VRAM**（Video RAM）

と呼ばれる．VRAM の記憶容量によって表示可能な解像度や色数が決まる．

② ROM

ROM（Read Only Memory）は読み取り専用の半導体メモリである．ROM は，製造工程時に情報が書き込まれていて書き換えはできない．電源を入れた時点では RAM には何も記憶されていないので，システムの立ち上げに必要な最小限の情報を ROM に記憶させることで起動を可能としている．ROM の中には，紫外線や電気で情報を消去して再書き込み可能なものもあり，ディジタルカメラなどで使うフラッシュメモリも ROM の一種である．CD–ROM や DVD–ROM も，読み取り専用という意味で ROM という名前になっている．

論理的に見ると，メモリは 0 と 1 の並びであるデータを蓄える箱が一列に並んだもので，一つの箱には桁数の決まった一つのデータが記録されている（**図 3.8**）．記憶できるデータの桁数は，32 bit，64 bit などの数字によって決まる．固定した桁数の記憶領域が連続している**メモリ空間**には，それぞれの記憶場所に**記憶アドレス**という番地が割り当てられている．

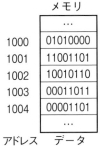

メモリ	
	...
1000	01010000
1001	11001101
1002	10010110
1003	00011011
1004	00001101
	...
アドレス	データ

図 3.8　メモリの論理構成

(3) ハードディスク

ハードディスクの内部では，磁性体を塗った何枚かの金属の円板が 1 分間に数千回転の高速で常時回転している．円板の円周に直交する方向に動くアームの先端には，磁性体の情報（S 極，N 極）を読み書きするヘッドが取り付けられている（**図 3.9**）．ヘッドと円板の間にはわずかな隙間があり，直接接触しないため，高速なアクセスが可能であり，ディスク面の劣化もない．

図 3.9　ハードディスク内部

しかし，衝撃を加えると，ヘッドがディスク面に接触してしまい，破損することがあるので注意が必要である．

アームを固定したときに，ディスク上でヘッドが描く軌跡を**トラック**という（**図 3.10**）．記憶領域を管理するときには，トラックを**セクタ**と呼ばれる等分割の

領域に分ける．論理的なアドレスは，内部的に
トラックとセクタで表される物理的なアドレス
に分解されてアクセスされる．同一トラックに
データがあれば，アームを動かさなくて済むの
で高速な読み書きができる．Windows などにあ
る「ディスクの最適化」という操作は，一緒に
使うデータを近くのトラックにまとめること
で，むだなアームの動きをなくし，高速化をは

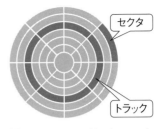

図 3.10 ハードディスク
の記憶領域

かる機能である．最適化の操作のことを**デフラグメンテーション**，または，**断片
化の解消**という．なお，SSD は，メモリと同様に電気的な読み書きをする装置な
ので，デフラグメンテーションの効果はない．

3.7 演 算 装 置

　CPU の内部には演算装置と制御装置があり，**バス（内部バス）**を通じて記憶装
置とデータのやりとりをする．1 回に何桁のデータを送ることができるかで，32
bit の CPU，64 bit の CPU などと呼ばれ，bit 数が大きいほど効率よく計算でき
る．なお，CPU は機能として見たときの呼び方で，ハードウェアとして見たとき
には，**マイクロプロセッサ**，または **MPU**（Micro Processing Unit）と呼ばれる．

　CPU は，**命令セット**という単純な演算処理，制御処理が実行できる．CPU には
Intel 社の Core i7 や AMD 社の Ryzen など多くの種類があり，命令セットは CPU
の種類によって実行できる処理が異なる．種類にかかわらず共通して実行できる
代表的な処理には，データの読み書き，足し算，引き算，0 と 1 の判断，アドレ
ス移動などがある．

　CPU の命令はクロックという単位で動作する．**クロック**とは，CPU やメモリな
どのすべての部品の同期をとる時計のことで，クロック信号が送られたときに，
一斉に 0 か 1 かを判断する．たとえば，足し算は 1 回のクロックで終了，掛け算
は 2 回のクロックで終了というように，命令は何クロックで終了するかが決めら
れている（**図 3.11**）．したがって，1 秒あたりのクロック数が大きくなるほど高速
に計算できることになる．

　1 秒あたりのクロック数を**クロック周波数**といい，**ヘルツ**（Hz）の単位で表さ
れる．たとえば，1 クロックで終了する命令は，1 GHz（ギガヘルツ＝
1,000,000,000 ヘルツ）の CPU であれば，1 秒間に 10 億回実行できる．1 秒あた

りの計算回数はクロック周波数に比例
して計算できるので，2 GHz の CPU で
あれば，1 GHz の CPU の 2 倍の 20 億
回になる．ただし，命令セットの異な
る CPU の場合には，処理命令の得意，
不得意があるので，クロック周波数だ
けで計算が高速かどうかを評価するこ
とはできない．

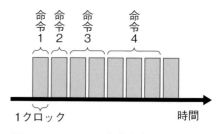

図 3.11　CPU の命令実行タイミング

　クロック周波数を高くすると，消費電力が増加するため，バッテリー駆動時間
が短くなる．また，発熱量が増えるため，動作が不安定になり，冷却対策が必要
になる．最近ではクロック周波数を高くするのではなく，CPU の演算装置（**コ
ア**）を多重化することで高速化している．たとえば，CPU は 1 個でも，CPU の中
に，2 個（デュアルコア），4 個（クアッドコア），8 個（オクタコア）などの演算
装置をもつものがある．ただし，演算装置が 2 個でも計算速度が 2 倍になるとは
限らない．

　整数演算の性能，実数演算の性能，グラフィック描画の性能などを比較するた
めには，実際の計算時間を計測する．計測の単位には，1 秒あたりに実行できる
命令回数である **MIPS**（Million Instructions Per Second）や，1 秒あたりに実行で
きる実数演算の回数である **FLOPS**（Floating point number Operations Per
Second）などが用いられる．同一プログラムによって性能を計測するテストを**ベ
ンチマークテスト**という．

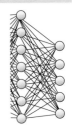

4章
コンピュータの動作原理

　ハードウェアの中でも特に重要な部品で，「コンピュータの頭脳」と呼ばれているのが CPU である．しかし，CPU の動作は，人間の脳の仕組みとは大きく異なる．このため，簡単に見える処理がコンピュータには困難であったり，その逆であったりする．ディジタルコンピュータは，0 と 1 のみを扱うことで処理を行い，その動作原理はパソコンでもスーパーコンピュータでも同じである．本章では，CPU の開発の歴史を知り，0 と 1 の処理からなる基本的な動作を学ぶ．

4.1　演算処理の原理

　CPU の動作は，電子式計算機の登場以前に数学的な概念として提唱された**チューリングマシン**の原理に基づいている．チューリングマシンは，マス目に分割されたテープ，マス目の情報を読み書きするヘッド，内部状態を記憶するメモリからなる（**図 4.1**）．読み込んだデータと新しい状態の組合せで次の動作を決定し，「ヘッドをテープ上で 1 マス移動させる」「現在のマス目でデータを読み書きする」「状態を変更する」という単純な原理に従えば解が得られる．ヘッドから情報を読み込んで処理する機器を CPU，テープを補助記憶装置とすれば，現在のコンピュータの動作原理になる．テープに書かれたものは，データ，またはプログラムであり，いずれも形式的には同じなので，外部から区別することはできない．チューリングマシンのように，入力と内部状態に応じて出力を行う自動機械の数学的モ

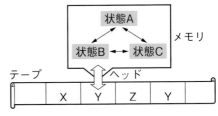

図 4.1　チューリングマシン

デルのことを**オートマトン**という.

　チューリングマシンの大きな特徴は，**逐次処理**であるという点である．つまり，「ある瞬間に処理できる作業はただ一つであり，記憶装置の内容を順次扱うことしかできない」ということを意味する．人間の脳のように，複数の神経細胞が同時に活動して，同時処理するのとは異なる．逐次処理の結果，書かれた数値がデータなのかプログラムなのかが区別できるようになる．複数の演算装置を使い，テープの途中から読み始めたとしても，逐次処理の解釈と違う場合があるため，必ずしも計算速度が上がるとは限らない．逐次処理の制約で計算速度を上げられないことを，**フォン・ノイマンボトルネック**といい，現在の原理のコンピュータの限界を示している.

4.2　論理素子の歴史

　電子式計算機のコンピュータの歴史は75年程度であり，通常は使われる論理素子によって**図4.2**のような4世代に分けられる．**論理素子**とは，CPUを構成する部品の種類である．現在はLSIの規模が大きくなっているので，第4.5世代などと呼ばれることもある.

第1世代（1940年代中〜）	真空管
第2世代（1950年代後半〜）	トランジスタ
第3世代（1960年代中〜）	IC
第4世代（1970初〜）	LSI

図4.2　論理素子の変遷

4.3　論理素子の動作原理

(1) 真空管

　第1世代の論理素子である**真空管**は，**図4.3**のように，空気を抜いたガラス管の中に，ヒータと電極を閉じこめたものである．電極をヒータで熱すると電子が飛び出しやすくなり，電子の移動と反対の方向に電流が流れる．逆向きに電流を流すことはできない．つまり，真空管の機能は，電流を一方通行にすることである.

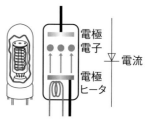

図4.3　真空管のしくみ

(2) ダイオード，トランジスタ

　第2世代の論理素子であるトランジスタを説明する前に，基本となるダイオー

ドについて説明する．**ダイオード**は，機能的には真空
管と同じで，電流を一方通行にする働きをもつ．p
(positive) 型とn (negative) 型の二つの物質を貼り合わ
せた構造になっており（**図4.4**），n型は電子が余って
いる状態で安定な物質，p型は電子が足りない状態で
安定な物質である．n型からp型に電子が移動しやす
くなり，電子の移動の反対方向に電流が流れ，逆向き
には流れない．片側から見ると導体で，反対側か
ら見ると不導体となる素子を**半導体**と呼ぶ．な
お，電球などで使われる**LED**（発光ダイオード）
は特殊なダイオードで，一般のダイオードは光ら
ない．

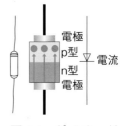

図4.4 ダイオード
のしくみ

　トランジスタは，ダイオードを二つ合わせたよ
うな構造で，p型をn型で，もしくは，n型をp
型でサンドイッチ状に挟み込んだ半導体素子であ
る（**図4.5**）．

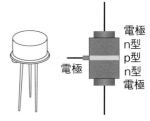

図4.5 トランジスタの
しくみ

　半導体はヒータをもたないため，真空管と比較する
と，**図4.6**のような特徴をもっている．

1. 小型，集積度大
2. 動作高速
3. 発熱小
4. 消費電力小

図4.6 半導体の特
徴

(3) IC

　第3世代の論理素子である**IC** (Integrated Circuit)
は，**集積回路**と訳される．**図4.7**のような一つのICパ
ッケージの中に十数個程度のトランジスタが集積され
ているもので，原理的には第2世代と変わらない．

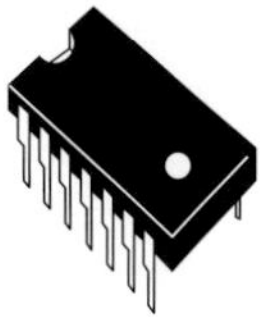

(4) LSI

　第4世代の論理素子である**LSI** (Large Scale Integration)
は，**大規模集積回路**と訳され，数千個から数百万個のト
ランジスタが集積されている．LSIは，シリコンの単結晶か
ら切り取られた1cm四方程度のp型物質でできた薄い基板
にパターンを描いて削り，n型の物質を流し込み，さらに

図4.7 ICの外観

削ってp型の物質を流し込むことによって製造される（**図4.8**）．n型とp型のサ
ンドイッチ構造を立体的に構成することで，集積度を上げている．

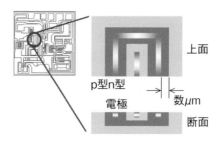

図 4.8　LSI のしくみ

4.4　論理回路

コンピュータや電子機器の電源スイッチで
よく見かける**図 4.9** のような記号は，数字の
1 と 0 をシンボル化したもので，「|」がオン
を，「○」がオフを表す．1 と 0 で状態を表
し，論理回路の組合せで処理を行うことを象
徴している．

図 4.9　電源スイッチの記号

コンピュータの基本回路の
一つに OR 回路がある．**OR
回路**はスイッチが並列に並ん
だ回路としてモデル化される
（**図 4.10**）．スイッチ X か Y の
どちらかをオンにすれば電球
Z がオンになる．OR 回路は
二つのダイオードを使って実

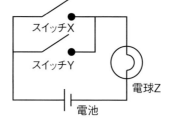

X	Y	Z
0	0	0
0	1	1
1	0	1
1	1	1

図 4.10　OR 回路

現できる．スイッチや電球がオンの状態を 1，オフの状態を 0 と表すことにする
と，入力 X，Y に対する OR 回路の出力 Z は，図 4.10 の表のようになる．OR 回
路の演算のことを**論理和**という．

　AND 回路はスイッチが直列に並んだ回路としてモデル化される（**図 4.11**）．ス
イッチ X，Y ともにオンのときだけ電球 U がオンになる．AND 回路も二つのダイ
オードによって実現できる．入力 X，Y に対する AND 回路の出力 U は，図 4.11
の表のようになる．AND 回路の演算のことを**論理積**という．

　入力がオンなら出力をオフに，入力がオフなら出力をオンに変更する回路のこ

とを **NOT 回路**といい，NOT
回路もダイオードで実現でき
る．

　OR 回路，AND 回路，NOT
回路を組み合わせて，V＝
NOT U，W＝Z AND V とし，
UW を並べると**表 4.1** のよう
になり，X＋Y を計算したと

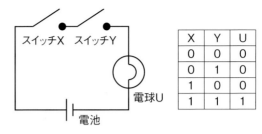

X	Y	U
0	0	0
0	1	0
1	0	0
1	1	1

図 4.11　AND 回路

きの結果（W）と桁上がり（U）を表す．つまり，0＋0＝0，0＋1＝1，1＋0＝1，
また，1＋1＝0（1 桁繰り上がり）となる．回路の接続関係を表現したのが**図 4.12**
である．電流の流れを一方通行にするという機能だけを使って，0 と 1 の 1 桁の
足し算回路を実現することができる．

表 4.1　足し算の実現

X	Y	U X AND Y	Z X OR Y	V NOT U	W Z AND V	U W X＋Y
0	0	0	0	1	0	0 0
0	1	0	1	1	1	0 1
1	0	0	1	1	1	0 1
1	1	1	1	0	0	1 0

図 4.12　足し算回路

4.5　基　　数

　コンピュータはオンとオフの二つの状態によって処理を行う．二つの状態を表
すのに便利な表現法として**2 進数**がある．通常，使われる数字は，0 から 9 まで
の 10 個の異なる記号を使い，記号が足りなくなったところで 1 桁増やしていく
10 進数である．2 進数では，0 と 1 の二つの記号だけを使うため，0，1 の次には
1 桁繰り上がって 10 になる．

　情報処理の世界では，**8 進数**や **16 進数**もよく使われる．それぞれ，0，1，2，3，4，5，6，7 の 8 個の異なる記号，0，1，2，3，4，5，6，7，8，9，a，b，c，d，e，f の 16 個の異なる記号を使う．たとえば，10 進数の 12 は，2 進数では 1100，8 進数では 14，16 進数では c と表現される．10 進数，2 進数，8 進数，16 進数の対応を**表 4.2** に示す．

表 4.2　基数の対応

10 進数	2 進数	8 進数	16 進数	10 進数	2 進数	8 進数	16 進数
0	0	0	0	11	1011	13	b
1	1	1	1	12	1100	14	c
2	10	2	2	13	1101	15	d
3	11	3	3	14	1110	16	e
4	100	4	4	15	1111	17	f
5	101	5	5	16	10000	20	10
6	110	6	6	17	10001	21	11
7	111	7	7	18	10010	22	12
8	1000	10	8	19	10011	23	13
9	1001	11	9	20	10100	24	14
10	1010	12	a				

4.6　2 進数と 10 進数の変換

　対応表にない大きな数字については，簡単な計算で変換することができる．まず，2 進数を 10 進数に変換する方法について説明する．2 進数で表された数字の 1 番右の桁を 0 桁目として桁数を数え，1 が書かれている桁の 2 のべき乗を合計する．たとえば，2 進数の 11010001 では，**図 4.13** のように，7 桁目，6 桁目，4 桁目，0 桁目に 1 が書かれているので，$2^7 + 2^6 + 2^4 + 2^0 = 128 + 64 + 16 + 1 = 209$ となる．

　実数の場合も同様に，1 の位を 0 桁目，小数点以下をマイナスの桁として数えていく．たとえば，2 進数の 0.1101 は，**図 4.14** のように，−1 桁目，−2 桁目，

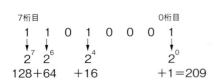

図 4.13　整数の 2 進数から 10 進数への変換

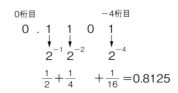

図 4.14　実数の 2 進数から 10 進数への変換

−4 桁目が 1 なので，10 進数では $2^{-1}+2^{-2}+2^{-4}=0.5+0.25+0.0625=0.8125$ となる．

次に，10 進数を 2 進数に変換するには，10 進数の数を割り切れなくなるまで 2 で割り，途中過程で生じる余りによって求めることができる．たとえば，10 進数の 209 を 2 で割ると，商が 104 で余りが 1 なので，**図 4.15** のように書く．同様に割り算を続け，商が 0 になったところで終了する．図 4.15 の枠で囲んだ余りを下から読んでいくと，10 進数の 209 は，2 進数では 11010001 になる．

	209		
÷2	104	…	1
÷2	52	…	0
÷2	26	…	0
÷2	13	…	0
÷2	6	…	1
÷2	3	…	0
÷2	1	…	1
÷2	0	…	1

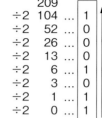

図 4.15　整数の 10 進数から 2 進数への変換

実数の場合は，小数点以下の部分について 2 を掛けていき，小数点以下がなくなるまで掛け算を続ける．たとえば，0.8125 の場合，0.8125 を 2 倍すると 1.625 だが，小数点以下である 0.625 について 2 倍する．同様に結果を 2 倍していき，小数点以下がなくなったところで終了する．**図 4.16** の枠の部分を上から読んでいくと，10 進数の 0.8125 は，2 進数では 0.1101 になる．

ただし，実数の場合，注意すべきことがある．たとえば，10 進数の 0.1 という数字について，2 進数への変換方法を適用すると，**図 4.17** のように 0.4 から下は，同じ計算の繰り返しになる．つまり，10 進数の 0.1 は，2 進数では 0.00011001100110011…となり，無限に続くことになる．10 進数の 0.1 は特別な数字ではなく，むしろ，0.8125 のように簡単に割り切れるほうが特殊な例である．

0.8125	×2	1.625
0.625	×2	1.25
0.25	×2	0.5
0.5	×2	1

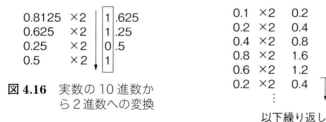

図 4.16　実数の 10 進数から 2 進数への変換

0.1	×2	0.2
0.2	×2	0.4
0.4	×2	0.8
0.8	×2	1.6
0.6	×2	1.2
0.2	×2	0.4
⋮		

以下繰り返し

図 4.17　割り切れない実数

2 進数に基づくディジタルコンピュータのメモリや CPU では，与えられた桁数のデータを扱うため，一般には実数を正確に表すことはできず，最後の桁に誤差

を伴う．実際の数字とデータとの差を**丸め誤差**といい，掛け算，割り算では丸め誤差が大きく影響することがある．有効桁以下では丸め誤差を伴うという原理は，電卓でもスーパーコンピュータでも同じなので，コンピュータの計算結果が無条件に正確なわけではないことに注意が必要である．

4.7　桁数の多い足し算

　2進数の表現では，1桁の足し算回路によって任意の数字の足し算が実現できる．たとえば，5+3の計算では，10進数の5は2進数では101，10進数の3は2進数では11なので，101と11を**図4.18**のように筆算の形式とする．1桁目の1+1の足し算は論理回路による計算結果は0で桁が上がるので，桁上がりを記憶しておく．2桁目の0+1は論理回路により1という結果を得る．計算結果の1と，記憶しておいた桁上がりの1を足すと，結果は0で桁が上がる．3桁目では，桁上がりを使い，1+1の計算をすると，結果は0で桁

図 4.18　桁数の多い足し算

が上がる．結果を書き並べると図4.18のように1000となる．2進数の1000は，10進数では8を表すので，5+3の結果が8と求まる．0と1の1桁の足し算と，桁上がりの記憶だけができれば，どんなに桁数の多い数でも足し算が実現できる．

4.8　引　き　算

　引き算の実現では，引き算回路を新たに作るのではなく，数字を負の表現にすることで足し算回路に帰着する．負の表現は単純で，最初（一番左）の桁を通常の数字ではなく，符号を表すものと解釈する．最初の桁を**符号ビット**と呼び，0ならば正，1ならば負を表すこととする．たとえば，8桁で表現された2進数では，正の3を表す00000011に対して，−3は0と1を交換し，11111100で表される（**表4.3**）．単純に0と1を置換する表現法を**1の補数**という．しかし，1の補数では，0の表現法として，+0と−0の二つが現れ，同じ数字に二つの異なる表現が存在するこ

表 4.3　負の数の表現

1の補数			2の補数
127	01111111		127
126	01111110		126
…	…		…
4	00000100		4
3	00000011		3
2	00000010		2
1	00000001		1
0	00000000		0
−0	11111111		−1
−1	11111110		−2
−2	11111101		−3
−3	11111100		−4
…	…		…
−126	10000001		−127
−127	10000000		−128

とになる．そこで，一つずつ数字を移動して−3を11111101と表す．1の補数を移動する表現法を**2の補数**という．通常，コンピュータの計算では2の補数が用いられる．

負の表現ができれば，引き算は足し算で実現できる．たとえば，5−3を計算するには，いったん5+(−3)という足し算に直す．10進数の5は2進数で00000101，10進数の−3は，2の補数を使った2進数で11111101なので，足し算すると**図4.19**のように00000010となり，答えは10進数で2になる．

```
  00000101
+ 11111101
  00000010
```

図4.19 足し算回路による引き算の実現

4.9 掛け算・割り算

掛け算，割り算も足し算で実現できる．たとえば，**図4.20**のように5×3の計算をする場合，5は2進数で101，3は2進数で11なので，筆算で下に書かれた1のあるところまで桁をずらして101を書いて足せば，10進数で15を表す1111となり，掛け算が実現できる．

```
     101
  ×   11
     101
+  101
    1111
```

図4.20 ビットシフトと足し算回路による掛け算の実現

桁をずらす演算のことを**ビットシフト**といい，2^n倍の計算をすることに相当する．たとえば，2進数で11である3の2^n倍を考えると，3×2=6は110，3×4=12は1100，3×8=24は11000であり，11が左にビットシフトされる．ビットシフトはCPUの命令セットの中でも，非常に高速に処理できる命令である．$m×2^n$の掛け算は，元の数字mの2進数をn回左にビットシフトするだけなので，高速な計算が可能である．

割り算は右ビットシフトになる．たとえば，6は2進数で110であり，6÷2=3は11，6÷4=1.5は1.1，6÷8=0.75は0.11となり，$m÷2^n$の割り算は右にビットシフトされることがわかる．ただし，一般の割り算については，若干複雑な処理が必要になる．

4.10 数学関数

sin，cos，tanのような三角関数や，log，expなどの対数，指数関数などは加減

乗除に置き換えることができる．たとえば，sin 関数は，**テイラー展開**によって，**図 4.21** のような多項式に置き換えることができる．一見，複雑なように見えるが，べき乗も階乗も掛け算なので，右辺のすべての計算は加減乗除で表されている．展開した項は無限に続くが，コンピュータではメモリや CPU に決められた精度の中で正確であればよいので，必要な桁数まで計算すれば十分である．ほかの関数についても，同様にテイラー展開で近似することで四則演算に帰着できる．

$$\sin x = x - \frac{x^3}{3!} + \frac{x^5}{5!} + \cdots + (-1)^{n+1}\frac{x^{2n-1}}{(2n-1)!} + \cdots$$

図 4.21　sin 関数のテイラー展開

5章
情　報　量

この章ではパソコン，スマートフォンや周辺機器のカタログで目にする
「ギガバイト」や「テラバイト」などの情報量の意味と文字，音，画像，動画
像の情報量の計量について学習する．また，効率よく情報を扱ううえで不可
欠な情報圧縮技術と，情報伝達の信頼性を上げる誤り検出・訂正技術につい
ても学ぶ．

5.1　ディジタルとアナログ

ディジタルとは，数値化された量のことを表し，**アナログ**とは，連続的な量の
ことを表す．たとえば，アナログ量である時間は連続的に流れているが，ディジ
タル時計では1秒単位の数字として扱っている．一般的に，長さ，重さ，時間な
ど身の回りの多くの物理量はアナログ量で
あるが，ディジタルコンピュータは，すべ
てのアナログ量を数字に近似して，ディジ
タル量として扱っている（**図5.1**）．ディジ
タルコンピュータでは，電圧が高い状態
（オン），低い状態（オフ）に対応させるた
めに，ディジタル量として1と0の数字だ
けを使っている．

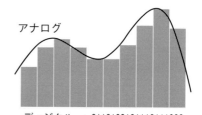

図5.1　ディジタルとアナログ

5.2　情　報　量

情報が多い，または少ないというとき，一般には役に立つかどうかの主観的な
判断が入ることがあるが，情報処理の世界では質を問わずに客観的な量として情
報を測る．情報量の最小単位のことを**ビット**（**bit**）という．bit は「binary（2

の）digit（数字）」の省略形であり，2進数の桁数のことを表す．つまり，物事の種類を区別するのに0と1を何桁並べればよいか，というのがbitという単位である．たとえば，男女2種類を表すには，**図5.2**のように0と1を割り当てると区別できる．このとき，2進数が1桁あれば十分なので，情報量は1 bitになる．春夏秋冬のように4種類のものを表すには，**図5.3**のように，2進数が2桁あれば区別できるので，情報量は2 bitになる．なお，並び順も関係するので，01と10は異なるものとして扱う．1週間の曜日のように7種類のものを表すには，**図5.4**のように区別できるので，情報量は3 bitになる．111に対応する曜日はないが，少なくとも3桁なければ表現できないので情報量は3 bitである．一般的には，2^{n-1}より大きくて2^n以下の種類を表すのに必要な情報量がn bitということになる．

```
男＝0
女＝1
```

図5.2　1 bitの情報

```
春＝00
夏＝01
秋＝10
冬＝11
```

図5.3　2 bitの情報

```
月＝000    金＝100
火＝001    土＝101
水＝010    日＝110
木＝011
```

図5.4　3 bitの情報

5.3　情報量の単位

　bitよりも大きい情報量を表すためには，**図5.5**のような単位が用いられる．

　通常，「キロ」というと，1 km＝1,000 m，1 kg＝1,000 gなどのように1,000倍されるが，コンピュータでは2^nという数字が扱いやすいため，1,000に近い2^nということで，2^{10}＝

```
1 byte（バイト）　　＝　　8 bit
1 KB（キロバイト）＝1,024 byte
1 MB（メガバイト）＝1,024 KB
1 GB（ギガバイト）＝1,024 MB
1 TB（テラバイト）＝1,024 GB
```

図5.5　情報量の単位

1,024倍となっている．ただし，ハードディスクの容量などでは，1,024倍ではなく，1,000倍として換算されることもあるので，どちらで計算しているのかに注意する必要がある．記憶装置の代表的な記憶容量を**図5.6**に示す．

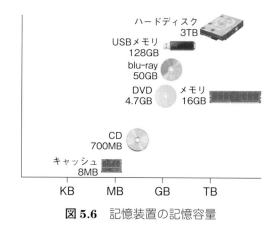

図 **5.6** 記憶装置の記憶容量

5.4 英文字の情報量

　1 文字を表すのに必要な情報量を求めるのには，文字が何種類あるかを数え上げる必要がある．アルファベットは 26 文字であるが，大文字と小文字を区別すると 52 種類である．アルファベットに加えて，0 から 9 までの数字，「!」「#」「$」などの記号，アクセント記号，制御のための特殊記号を含むと全部で 256 種類となる．$256 = 2^8$ のため，英数字 1 文字の情報量は，8 bit = 1 byte ということになる．たとえば，情報量 100 byte は，英数字 100 文字分に相当する情報量と考えることができる．

　コンピュータには，文字自体が記録されているわけではなく，数字のデータのみが記録されている．数字のデータを画面に表示するときには，**ASCII コード**（American Standard Code for Information Interchange）という変換表が使われることが多い．ASCII は，**アスキー**と読む．図 **5.7** の左と上の 16 進数の数字を合わせたものが ASCII のコード番号になる．たとえば，「41」というコード番号は大文字の「A」を表す．正確には，

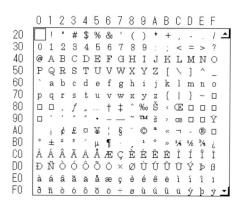

図 **5.7** 拡張 ASCII コード

表の「80」よりも上の行が ASCII コードで規定されたものであり，アクセント記号のように各国語に対応した領域を含めたものを拡張 ASCII コードという.

　図5.7 には，「00」と「10」の行は表示されていないが，実際には画面に直接表示できない画面制御用の特殊文字が定義されている．特殊文字の中には，行を変える改行の記号も一つの文字として定義されている．改行が何番のコードにあたるかを**改行コード**といい，Windows，MacOS などの OS によってコードが違うため，ファイル交換の際に問題が生じることがある.

5.5　日本語の情報量

　日本語の場合には，ひらがな，カタカナ，漢字，記号などがあるので，英数字よりも数が多くなる．特に，漢字の個数は膨大なので，よく使われる文字だけに限定して定義されている．一般には，ひらがな，カタカナ，漢字などを含めて 65,536 個の文字にコード番号が割り当てられている（**図 5.8**）．65,536 = 2^{16} なので，日本語 1 文字を表す情報量は，16 bit = 2 byte になる．したがって，英数字を記述する場合に比べ，日本語の場合には同じ文字数でも情報量は 2 倍になる．たとえば，100 文字の情報量は英文字（半角文字）ならば 100 byte だが，漢字（全角文字）では 200 byte になる.

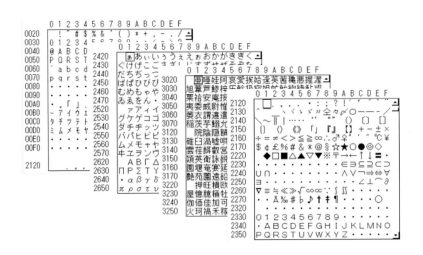

図 5.8　日本語の文字コード

5.6 文字コード

ASCII コードのように，データの数字と文字の対応を決めるのが**文字コード**であり，日本語では，JIS コード，シフト JIS コード，EUC コード，Unicode などが一般的に使われている．**JIS コード**は，日本工業規格（JIS）が定めたもので，2 byte の数字を 1 byte ずつに分けて，英数字と同様に扱ってもネットワーク上で問題が起きないようにできている．**シフト JIS コード**は，Microsoft が中心に定めたもので，ASCII コードと共存した場合でも不都合が起きないように JIS コードをずらしたものである．ただし，ネットワークで送信すると，途中の機器によっては不都合が生じることがある．**EUC コード**は，AT&T が定めたもので，Unix オペレーティングシステムで使われる．**Unicode** は，国際標準化機構（ISO）などが定めたもので，英語，日本語を含む世界のすべての文字を統一的に 2 byte で表すためのコード体系である．Unicode の文字を数値の列に変換する変換方式として **utf-8** があり，情報量が 1 文字あたり 3 byte，または 4 byte に増えることもあるが，ASCII コードとの共存の問題が少ないことから，ホームページの記述では標準的に使われている．

データを解釈するときには，どの文字コードを使うべきなのかを知らなければ正しく表示できない．たとえば，「C0」というデータは，拡張 ASCII コードでは「À」だが，JIS コードでは半角カタカナの「タ」となる．一般に，日本語の半角カタカナは，同じデータでも ASCII コードの別の文字と解釈され，メールやホームページで**文字化け**を起こす危険性があるので使用を避けたほうがよい．ホームページで文字化けが起きたときは，適切な文字コードを明示的に選択することで正常に表示できる場合がある．

5.7 音声の情報量

音は空気中を伝わる波であり，波をディジタル化するためには，一定の細かい時間間隔で波の高さを測る．時間間隔のことを**サンプリング周波数**といい，1 秒あたりの測定回数を**ヘルツ（Hz）**という単位で表す（**図 5.9**）．たとえば，1 kHz（＝1,000 Hz）とは，1 秒間に 1,000 回測定することを意味する．サンプリング周波数が高いほど，つまり，間隔が細かいほど原音に忠実になる．

測定する高さもディジタル化する．波の高さの最大値をいくつの整数として表すかを**量子化数**といい，量子化数が大きいほど，きめ細かく数値化できるため，

音質が向上する．ただし，サンプリング周波数や量子化数が大きいと，情報量も大きくなるので，バランスをとる必要がある．

　たとえば，サンプリング周波数が 44.1 kHz（1 秒に 44,100 のデータが記録される）で，量子化数が 2^{16}（一つのデータは 65,536 段階で表現される）とすると，1 秒あたりの情報量は，$44,100 \times 16\ \text{bit} = 44,100 \times 2\ \text{byte} = 約 86\ \text{KB}$になる．

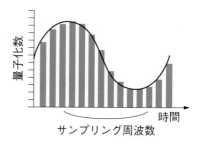

図 5.9　音声情報のディジタル化

5.8　静止画像の情報量

　ディジタル画像は，縦横に並んだ点の集まりとして表現される．画像を構成する点を**画素**，もしくは**ピクセル**（Pixel：Picture Element）という．画素数が多いほど，ぎざぎざの少ないきれいな画像が得られる．画面の縦横のドット数に応じて解像度には標準的な呼び名があり，たとえば，アナログテレビで使われていた 640 個 × 480 個の点の場合は，**VGA**（Video Graphics Array）という．その他の代表的な呼び名と画素数を**図 5.10** に示す．

　パソコンや携帯電話の液晶画面では，赤，緑，青の 3 色の小さな短冊が集まっている（**図 5.11**）．一つの画素は，赤，緑，青の光の 3 原色が単位となっていて，

QVGA	320× 240	ワンセグ放送
VGA	640× 480	アナログテレビ
XGA	1024× 768	タブレット
WXGA	1280× 768	ノートPC
SXGA	1280×1024	デスクトップPC
UXGA	1600×1200	高解像度モニタ
HD	1920×1080	ハイビジョン放送
4K	3840×2160	4K放送
8K	7680×4320	8K放送

図 5.10　画面解像度の呼び名

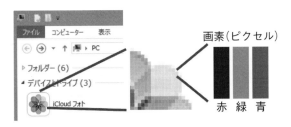

図 5.11 1 画素の情報

3 色の強さの組合せで，すべての色を表現している．たとえば，水色は，赤 0 %，緑 100 %，青 100 %，オレンジ色は，赤 93 %，緑 41 %，青 25 %というように，各原色の割合で表現できる．

たとえば，赤，緑，青，それぞれを 256 段階で表現する場合，1 画素の情報量は 8 bit × 3 色 = 3 byte となる．ハイビジョンの解像度で 1 画素の情報量が 3 byte のときには，画像の情報量は 1,920 × 1,080 × 3 byte = 約 5.9 MB になる．

プリンタによる印刷物も画面と同様に点の集まりからできている．プリンタの場合は，画面よりも細かい点になる．一般に，プリンタの性能を表すときには，解像度を 1 インチ（2.54 cm）あたりのドットの数という意味で，**dpi**（dot per inch）という単位が使われる．たとえば，600 dpi のプリンタでは，ハガキのサイズ（14.8 cm × 10 cm）であれば，縦に 600 × 14.8 ÷ 2.54 = 3,496 ドット，横に 600 × 10 ÷ 2.54 = 2,362 ドットになる．したがって，ハガキサイズでの写真印刷では約 8.3 メガピクセル（830 万画素）のカメラでの撮影が必要ということになる．

5.9 動画像の情報量

パラパラ漫画では，少しずつ異なる絵を高速に切り替えることで連続した画像に見せているが，映画やテレビも原理的には同じで，高速に静止画像を更新している．映画では，一般に 1 秒間に 24 回の描き換えを行っている．テレビは，地域によって規格が異なるが，日本のハイビジョン放送では，1 秒間に 60 回の描き換えを行っている．したがって，1 秒間に 60 回の描き換えを行っているハイビジョン動画では 1 秒あたりの情報量は静止画像の 60 倍になり，5.8 節に示したハイビジョンの解像度では 5.9 MB × 60 = 354 MB となる．

5.10　通信の情報量

通信速度，または，通信周波数の範囲のことを**帯域**という．帯域は，道路の車線数のようなもので，車線数が多いほど車がスムーズに流れるのと同様に，帯域が広いほどデータが高速に流れる（**図 5.12**）．

通信速度を表す**転送レート**は，1 秒あたりの bit 数で測られ，単位は，bit/s（bit per second）を略した **bps** が使われる．たとえば 100 メガの光ファイバといえば通信速度が最大 100 Mbps という意味である．一般に，1 Mbps 以上の通信速度を**広帯域**，または**ブロードバンド**といい，1 Mbps よりも低速のものを**狭帯域**，または**ナローバンド**という．代表的な通信速度を**図 5.13** に示す．

メディアの通信に必要とされる帯域の代表的な値を**図 5.14** に示す．

図 5.12　通信帯域

有線通信	
CATV	40 Mbps
ADSL	50 Mbps（上り 3 Mbps）
FTTH	100 Mbps
無線通信	
IrDA	1 Mbps
RFID	200 Kbps
Bluetooth	1 Mbps
無線LAN	54 Mbps

図 5.13　代表的な通信速度

低品質オーディオ	14.4 Kbps
CDと低品質動画像	1.2 Mbps
テレビ画像	6 Mbps
高品位テレビ	19 Mbps
未圧縮高品位テレビ	1.2 Gbps

図 5.14　代表的な帯域幅

5.11　情 報 圧 縮

(1) 文字情報圧縮

5.4 節で述べたように，英数字の情報量は 1 文字につき 1 byte なので，たとえば，123 というデータは，「1」「2」「3」の 3 文字と解釈すると，情報量は 3 byte ＝24 bit になる．しかし，「123」という 3 桁の数字と解釈すると，$128 = 2^7$ 以下の数字なので情報量は 7 bit で表現できる．前者を**アスキー形式**，後者を**バイナリ形**

式といい，一般的には，バイナリ形式のほうが情報量を減らすことができる．アスキー形式のファイルをバイナリ形式に変換し，あわせてほかの情報圧縮処理を実施するのが圧縮・解凍ソフトである．圧縮方式に応じて，圧縮後のファイルの拡張子は zip，lzh，gz などになる．

(2) 音声情報圧縮

音声の情報量を圧縮するには，音の波としての性質を使う．**フーリエ変換**という数学的手法を用いると，すべての波は波長の異なる正弦波に分解できる（**図 5.15**）．正弦波とは，一定速度で回転する円周上の 1 点を横から見たときの様子を表した規則的な波で，三角関数の sin のグラフのことである．

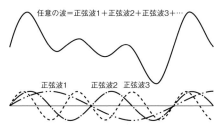

図 5.15 フーリエ変換による正弦波への分解

低い周波数（波長が長い）の波は，元の波の大まかな性質を表し，高い周波数（波長の短い）の波は，元の波の詳細を表す．元の情報の詳細が失われても全体に大きな影響を及ぼさない場合には，高周波成分を省略することで情報量を減らすことができる．たとえば，電話では言葉が聞き取れればよいので，音楽ほど正確に再現する必要はなく，高周波成分はほとんど不要となり，圧縮率を高くすることができる．一般に，圧縮率と音質はトレードオフの関係になる．音声だけでなく，画像や通信についても，フーリエ変換を用いて情報量を圧縮することができる．

(3) 画像情報圧縮

フーリエ変換による圧縮は音声だけでなく画像にも適用可能であるが，画像では，さらに別の方法でも圧縮することができる．たとえば，**図 5.16** に示す縦 5 個，横 5 個の 25 画素の画像において，画素 1〜25 の色を順に書くと，（白，白，白，白，白，白，白，黒，白，白，白，黒，黒，黒，白，白，白，黒，白，白，白，白，白，白，白）のように表現できる．1 画素あたりの色の情報量を 3 byte とすると，全体の情報量は $5 \times 5 \times 3 = 75$ byte となる．

図 5.16 ランレングス圧縮

一方，画素 1〜7 の 7 個が白，画素 8 の 1 個が黒，画素 9〜11 の 3 個が白という具合に，色が変わるたびに連続する色の個数を書くと，（白 7，黒 1，白 3，黒 3，白 3，黒 1，白 7）のように短い記述で表現できる．色を 3 byte，個数を 1 byte で表すと（3＋1）×7＝28 byte とすることができ，同じ画像に対して表現方法を変えるだけで，28÷75＝37％まで情報量を圧縮できる．色がいくつ並ぶかを記述する圧縮方式を**ランレングス圧縮**（Run Length Encoding）といい，最も単純な画像圧縮方式の一つである．

圧縮を伴う画像ファイル形式には，色の並びのパターンでコード化して圧縮する**GIF形式**や，明るさと色に分解して，統計的手法で圧縮する**JPEG形式**（Joint Photographic Experts Group）などがよく用いられる．GIF 形式は，CG 画像のような，256 色以下の単純な画像に対しては高圧縮率が期待できる．JPEG 形式は，**不可逆**，すなわち，正確に元の画質に戻すことはできないが，圧縮率は高く，写真などの複雑な自然画像の圧縮には有効である．しかし，単純な画像を JPEG で高圧縮率にすると，**図5.17** に示すように，元の画像にはない偽色が生じたり，ブロックノイズが生じたりするため，画質が大きく損なわれることがある．

図5.17　JPEG 圧縮による画質の劣化

(4) 動画像情報圧縮

動画像では，静止画像圧縮と差分記録を組み合わせて圧縮率を高めた**MPEG形式**（Motion Picture Expert Group）がよく用いられる．**差分記録**とは，動画像において，一つ前の画像と次の画像では，ほとんどの部分で差がなく，異なるのはごく一部分であることが多いという性質を利用して，異なる部分だけを記録することによって圧縮率を高めるものである（**図5.18**）．録画機器としてハードディスクレコーダが普及した背景には，MPEG 処理プロセッサの高速化，低価格化がある．MPEG には規格のバージョンによって，MPEG1/2/4 などがあり，さらに，対象の層（Layer）に応じて規格

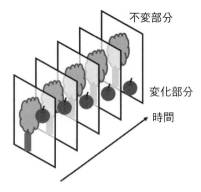

不変部分

変化部分

時間

図5.18　差分記録

が定められている．MPEG1の第3層（Layer3）は音声圧縮の規格であり，略して**MP3**という．情報量が少なく高音質なので，オーディオプレーヤのファイル形式として標準的に使われている．

5.12 誤り検出・訂正

コンピュータは0と1の二つの状態しか扱わないため，情報伝達の間違いは起こりにくいが，完全ではない．内部的には，ある瞬間における電圧が基準値よりも高いか低いかを測定しているが，**図5.19**に示すように，基準値周辺で測定すると判定が不安定になる．

データ通信では，ほかの通信機器の電波，コネクタ端子の接触不良，電化製品の電源オン・オフ，雷などを原因とするノイズの影響を強く受けるために誤りが発生する．CDやDVDでは，表面の傷，

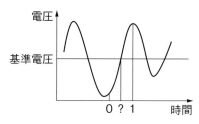

図5.19 データ誤りの発生

手の脂や埃の付着により微細な情報が隠れてしまい誤りが発生する．そのほかに，ハードディスク，メモリの読み書きなどでも誤りは生じる．

誤りを検出するために**誤り検出・訂正機構**がある．誤り検出・訂正機構の中で，最も単純で基本的なものが**パリティチェック**である．たとえば，**図5.20**のように，8桁の0と1の並びを一つのデータとして，一定数のデータを送る状況を考える．通常であれば，各データについて8bitのデータだけを送ればよいが，誤り訂正のために各データに対して**パリティビット**という1bitの情報を付加する．

パリティには，**奇数パリティと偶数パリティ**があり，奇数パリティの場合，データとパリティビットの1の個数の合計が奇数になるように，パリティビットを0もしくは1にする．たとえば，図5.20のデータ1では，点線枠内の元のデータに1が5個あり，奇数なのでパリティビットを0とする．また，データ3では，点線枠内の元

ブロック

	データ1		データ3					
パリティビット	0	0	1	0	0	1	0	1	0
ビット8	0	0	0	0	1	1	1	1	1
ビット7	1	1	1	1	0	0	0	0	1
ビット6	1	1	0	1	1	0	1	1	1
ビット5	0	1	1	1	0	1	1	1	1
ビット4	1	1	1	1	1	1	1	1	1
ビット3	0	0	0	0	0	0	0	0	1
ビット2	1	0	0	1	1	0	0	1	1
ビット1	1	1	0	1	1	1	1	0	

図5.20 パリティビット

のデータに1が4個あり，偶数なのでパリティを1として1の個数の合計を奇数にする．さらに，一定個数のデータをまとめて**ブロック**といい，ブロック単位でも各ビットのパリティを計算する．

データ通信を例としてパリティの利用法を説明する（**図5.21**）．送信側では，元のデータ列からパリティを計算し，パリティ付きのデータを送信する．受信側では，データ部分だけから再度パリティを計算し，送られたパリティと比較する．もしも，再計算したパリティと，送られたパリティが異なっていれば，データに誤りがあることがわかる．

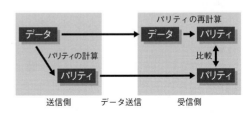

図5.21　パリティチェックによる誤り検出

誤りがあった場合，ブロックのパリティと合わせれば，どのデータに誤りがあったのかがわかり，自動的に訂正することができる．たとえば，**図5.22**では，4番目のデータのパリティを再計算するとパリティは1だが，受信したパリティは0なので，データ4に誤りがあることがわかる．また，ビット7においてブロック単位のパリティを再計算するとパリティは0だが，受信したパリティは1なので，ビット7に誤りがあることがわかる．したがって，4

	データ4								
パリティビット	0	0	1	0	0	1	0	1	0
ビット8	0	0	0	0	1	1	1	1	1
ビット7	1	1	1	0	1	0	0	0	1
ビット6	1	1	0	1	1	0	1	1	1
ビット5	0	1	1	1	0	1	1	1	1
ビット4	1	1	1	1	1	1	1	1	1
ビット3	0	0	0	0	0	0	0	0	1
ビット2	1	0	0	1	1	0	0	1	1
ビット1	1	1	1	0	1	1	1	1	0

図5.22　パリティビットによる誤り訂正

番目のデータの7ビット目の0は誤りで，本来の1に修正しなければならない．

ただし，誤り訂正が有効なのは，ブロック中の1ヵ所までの誤りであり，2ヵ所以上になると機能しない．誤り位置が特定できない場合には，再度データを送信しなければならないために通信速度が低下する．

2ヵ所以上の誤りにも対応できる，より強力な誤り訂正としては，**CRC**（Cyclic Redundancy Check）（**巡回冗長検査**）と呼ばれる誤り検出方式がある．CRCは，多項式を用いたパリティの計算であり，複数個の誤りにも対応できるため，CDやDVDの誤り検出としても使われている．

6章
ソフトウェア

　楽曲，映画，テレビ番組，ホームページなどのコンテンツである創作物のことをソフトウェアといい，コンピュータのソフトウェアは CPU への命令を記述するプログラムで記述される．ソフトウェアはユーザが直接使うアプリ以外にもシステムを動作させるためのものもある．代表的なシステムソフトが OS であり，パソコンで利用する Windows，MacOS や，スマートフォンで利用する iOS，Android も OS の一種である．この章では，OS の役割，プログラムの基礎知識，データサイエンスの根幹となるデータベースの基礎理論について学習する．

6.1　オペレーティングシステム（OS）

■6.1.1　オペレーティングシステムとは

　Windows，MacOS，Linux，Android，iOS などのソフトウェアは，**オペレーティングシステム**（Operating System），または，略して **OS** という．日本語では**基本ソフト**と呼ばれることもある．

　OS はソフトウェアの一種であり，ワープロや表計算などの**アプリケーションソフト**と，ハードウェアとの中間的な位置付けになる．一般に，アプリケーションソフトは個別の OS 用に開発されていて，MacOS 用のソフトは Windows では使えないし，その逆もできない．

　アプリケーションソフト以外のソフトウェアのことを**システムソフトウェア**と呼び，OS はシステムソフトウェアの一種である（**図 6.1**）．OS 以外のシステムソフトウェアとしては，最低限のハードウェア制御を行い，**ブート**（起動）時に接続されている機器を判断し，OS をハードディスクなどからメモリに読み込ませる **BIOS**（バイオス）というソフトウェアがある．また，システムソフトウェア

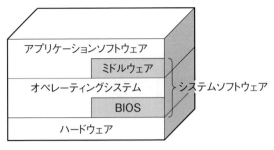

図 6.1　ソフトウェアの種類

の中で，アプリケーションソフトと OS の中間的な位置付けとして，**ミドルウェア**と呼ばれるソフトウェアもある．ビジネス用のアプリケーションソフトには，データベース管理システムやソフトウェア開発支援ツールなどのミドルウェア上で動くものもある．

■6.1.2　OS の種類

家電製品からスーパーコンピュータまで，多くの機器で使われている OS のうち身近なものの特徴や歴史について述べる．

(1) Unix

OS は，もともと大型計算機用に設計され，高機能化に伴って，内部処理が複雑になる方向に開発が進められた．複雑化する OS に対して，小さいコンピュータでも稼働する簡潔で拡張性が高い OS をめざす動きがあり，AT&T ベル研究所やカリフォルニア大学バークレー校が中心となって **Unix**（ユニックス）という OS が開発された．Unix は，OS としての性能が優れていただけでなく，無償で使うことができ，内部の情報が公開され，自由に改良することができたため，世界中の大学をはじめとした研究機関で利用されていた．インターネットの普及とともに，より多くの人たちの協力で改良されて発展を遂げた．

やがて，Unix のライセンスが企業に移り，商用の Unix が販売されたが，開発当初の協力体制，無償奉仕の精神はパソコン用の OS である **Linux**（リナックス）へと受け継がれることになった．Linux は，フィンランドの**リーナス・トーバルズ**（Linus Benedict Torvalds）が Unix の機能を独自に実装し，フリーウェアとして配布したものである．内部処理が公開されていてセキュリティ上安全であり，無料で使えるため，企業のサーバなどに使われている．

(2) Windows

Windows は，当初ベンチャー企業だったマイクロソフトが開発した **MS-DOS** （エムエスドス）という OS が起源である．マイクロソフトは，**ビル・ゲイツ** （William Henry Gates）らが興した小さな会社だったが，IBM がパソコン市場に参入したときの OS として採用されたため，飛躍的にユーザ数が増えた．MS-DOS は，画面に文字しか表示されず，入力もすべてキーボードから行うというもので，一般ユーザには使いにくかった．しかし，マウス操作によるウィンドウシステムが利用できる Windows が開発されると，ユーザ数が飛躍的に伸びた．

(3) MacOS

MacOS はアップル社が開発した OS である．アップル社は，**スティーブ・ジョブズ**（Steve Jobs）と**スティーブ・ウォズニアック**（Steve Stephen Wozniak）という 2 人を中心に設立されたベンチャー企業だったが，マウスで操作できるウィンドウシステムという画期的技術を 1984 年にパソコン上で実現した MacOS を発表し，優れたデザインと使いやすさで多くのユーザを獲得した．MacOS X 以降では Unix の技術を使い，動作の安定性を増している．

(4) 家電用 OS

OS は，パソコンだけでなく，ハードディスクレコーダ，カーナビ，ゲーム機などの家電製品にも組み込まれている．従来，家電製品用ソフトウェアは製品ごとに開発されていたが，OS の搭載により開発期間が短縮されることになった．特に，寿命が短く，販売台数の多いスマートフォンでは OS の存在が重要で，**iOS** と **Android** などがシェアを競っている．両 OS は，どちらも基礎部分に Linux の技術が使われている．家電製品用の OS は，パソコンに比べると目立たない存在だが，販売台数が圧倒的に多いため，今後の IT ビジネスでは重要な意味をもつ．

◼6.1.3 OS の機能

以下に OS の機能について説明する．

(1) ユーザインタフェース

OS の第 1 の機能は，マウスやキーボードの操作の仕方，ウィンドウのデザイン，ファイルの扱い方などの操作性を決定することである．操作性のことを**ユーザインタフェース**といい，特に，見え方に関することを **GUI**（Graphical User Interface）という．最近のパソコンでは，ウィンドウ操作という概念により使い方はほぼ共通化されているが，スマートフォンやタブレットの登場により，タッチパネルの利用を前提としたユーザインタフェースへの融合が進められている．

(2) ソフトとハードの仲介

OS の第 2 の機能は，ハードウェアの相違を吸収することである．パソコンに OS が搭載される以前には，アプリケーションソフトは，ハードウェアメーカーごとに対応した製品が作られていた．また，マウスや外部記憶装置などのハードウェアもメーカーごとに開発されていた．OS の介在によって設計方法が共通化されることにより，開発効率が改善されることとなった．OS が定めた基準を満たしている限り，どのメーカーのソフト，ハードの組合せでも問題なく使うことができるようになる（**図 6.2**）.

図 6.2　OS の位置づけ

(3) 記憶管理

OS の第 3 の機能は，記憶の管理である．3.6 節では，処理をつかさどる機器が CPU だけであるのに対し，記憶する機器は，キャッシュ，メモリ，ハードディスクなど多数あることを述べた．アクセス速度と記憶容量の違う記憶装置を，それぞれの特性に応じて効率よくデータを移動するのは OS の役目である．CPU が処理するときには，可能な限り高速なキャッシュを記憶領域として利用するが，キャッシュの記憶容量が足りなくなりそうなところでメモリとの間で必要なデータを入れ替える．同様に，メモリとハードディスクの間でもデータを交換し，常に最も効率がよくなるようにデータを記憶装置に配置する（**図 6.3**）．記憶配置の処理をどのタイミングで行うかはコンピュータの体感速度に大きく影響する．

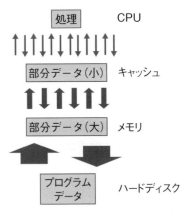

図 6.3　記憶装置間のデータ移動

見かけ上の記憶容量を実際のメモリ容量よりも大きくし，足りない部分はハードディスクなどを利用することで，大きなメモリ空間を確保することを**仮想記憶**といい，効率のよい記憶管理には欠かせない．メモリとハードディスクのデータ

の交換を**スワッピング**という.

(4) プロセス管理

　OS の第 4 の機能は，プロセスの管理である．**プロセス**とは，ソフトウェアの処理のことである．通常，パソコンではワープロ，表計算，ブラウザなどのアプリケーションソフトが同時に動いているよう見えるが，CPU が一つの場合，ある瞬間に処理できるのは一つのプロセスだけである．しかし，たとえばワープロを入力している間は音楽を再生できないというように，一つの処理しか実行できないのでは使い勝手が悪い．そこで，OS は，アプリケーションソフトのプロセスを細かい単位に分け，それぞれの負荷に応じて最適なスケジューリングを行うことで，複数のソフトが同時に動いているように見せている（**図 6.4**）．複数のプログラムが同時に動くように管理することを**マルチタスク**と呼ぶ.

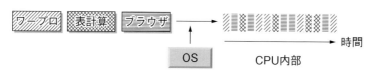

図 6.4　見かけ上の同時処理実現法

(5) ユーザ管理

　OS の第 5 の機能は，ユーザ管理である．学校や会社，また家庭内などで，同じパソコンを複数ユーザが利用するときには，ユーザごとに利用環境を保存し，他人のファイルや情報へのアクセスを制限するユーザ管理機能が必要である.

　複数のユーザが利用することを**マルチユーザ**という．マルチユーザでは，ネットワークを介して複数の人が同時に同一コンピュータを利用しても適切にプロセスが実行され，ほかのユーザのファイルや作業を侵害しない安全性，安定性を保つ必要がある.

6.2　プログラム

■6.2.1　プログラミング言語とは

　論理回路による四則演算以上に複雑な処理を伴うソフトウェアを開発するためには，プログラミング言語による記述が必要になる．**プログラミング言語**とは，コンピュータに対する命令記述の集まりであって，人工的な文法規則をもつ.

　プログラミング言語は，手続型と非手続型に分類できる．**手続型言語**は，何を

どうするか（How）という処理手順を詳細に記述する言語であり，C++言語，Java言語，Python言語など多くの言語が属する．**非手続型言語**は，何をしたいか（What）を記述することで解を得る言語で，データベースで利用されるSQLなど，目的に特化した定型的処理をする少数の言語が属する．

　C++言語は汎用性が高く，科学技術をはじめとする一般的な用途で使われるが，生成されたプログラムはWindows用，MacOS用などのように，利用するOSごとに用意しなければならない．**Java言語**は，文法的にはC++に似ているが，OSに依存せずにWindows，MacOS，携帯電話などで同じように実行できる．ただし，C++に比べると実行速度は遅くなる．**Python言語**は，文法的にはC++やJavaと大きく変わらないが，実用的なライブラリやモジュールが豊富であり，短い記述で複雑なプログラムを実現できるため，特に人工知能分野では必須の言語となっている．

　HTML言語は，ホームページを記述するのに使われる．ユーザ操作による処理を行う場合には**JavaScript言語**などと組み合わせて記述しなければならない．**XML言語**は，HTML言語を拡張したもので，ホームページ上でデータベースシステムとして利用できるため，ビジネスにおいては重要である．

■6.2.2　プログラムの内部動作

　4.1節で述べたように，コンピュータは，チューリングマシンの原理に基づいて動作している．プログラムは，内部的にはメモリに記憶されるが，メモリ上ではデータもプログラムも区別がない．

CPUはメモリ上のデータをアドレスに従って一つずつ読み込み，逐次的に処理を継続する（**図6.5**）．メモリに蓄えられているプログラムは，CPUの種類に依存した**機械語**と呼ばれる**低級言語**である．低級言語は，汎用性や読みやすさに問題があるので，プログラムの作成にはC++，Java，Pythonなどの高級言語が用いられる．**高級言語**で記述したプログラムは，**コンパイラ**というプログラムで自動的に低級言語に翻訳される．

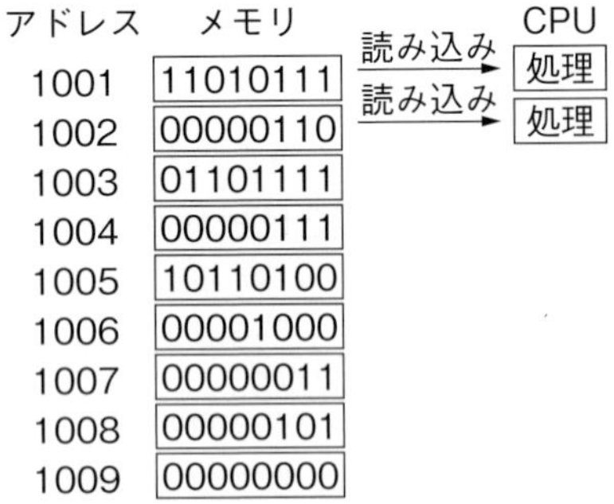

アドレス	メモリ
1001	11010111
1002	00000110
1003	01101111
1004	00000111
1005	10110100
1006	00001000
1007	00000011
1008	00000101
1009	00000000

読み込み → CPU 処理
読み込み → 処理

図6.5　プログラムの解釈方法

◤6.2.3　高級言語の基本処理

C++，Java，Pythonなどの手続型の高級言語では，入力から出力にいたるまでのすべてを記述する必要がある．入力から出力までの処理手順のことを**アルゴリズム**といい，プログラミングをする際の設計段階で必要になる．アルゴリズムを考えるうえで重要な文法規則は，「条件判断」と「繰り返し」である．以下に，プログラミング言語の文法の概略について説明する．

(1) 代　入

Excelでは，セルA1に「3」，B1に「5」，C1に「＝A1＋B1」という式を入れることによって3＋5を計算できる（**図6.6**）．

	A	B	C	D
1	3	5	＝A1＋B1	
2				
3				

図 **6.6**　Excelによる足し算の表現

一般のプログラミング言語でも同様の考え方で計算できる．たとえば，3＋5を計算するプログラムでは，Excelのセルに代わるものとしてa，b，cを用意して，**図6.7**のように記述する．

```
a=3
b=5
c=a+b
```

図 **6.7**　足し算のプログラム

図6.7で，1行目はaという記憶領域に3という数字を入れることを表しており，aと3が等しいという意味ではない．aのように，数字の入るセルの役割を果たすものを**変数**（へんすう）という．2行目は，bという変数に数字の5を入れることを表している．直観的には，変数とはExcelのセルに相当する箱であり，箱の名前が**変数名**である．変数名はアルファベットで始まる名前であり，プログラムであらかじめ定義された単語以外なら任意に付けることができる．変数に数字を入れることを**代入**（だいにゅう）という．3行目は，右辺の計算結果をcという変数に代入するという意味である．a＋b＝3＋5＝8がcという変数に代入されるので，プログラムが終了した時点ではcという箱の中身は8になっている（**図6.8**）．

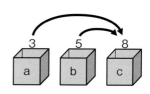

図 **6.8**　変数の代入

(2) 四則演算

高級言語では，足し算だけでなく，引き算，掛け算，割り算を直接使うことができる．掛け算，割り算の記号である×，÷はキーボード上にないため，**図6.9**のように，「＊（アスタリスク）」「/（スラッシュ）」の**演算子**が使われる．

演算子には計算の優先順序があり，**図6.10**のように，（ ）の計算の次は＊，/，％であり，最後に＋，－を計算する．同じ優先順位のものであれば，左から右に順に計算する．たとえば，$(1+2*(3+4)-5)\%6+7$という計算では，**図6.11**のような順序で計算されるため，答えは11になる．

＋	足す
－	引く
＊	掛ける
/	割る
％	余り

図6.9　演算子

1. ( )
2. ＊／％
3. ＋－

図6.10　計算順序

(3) 条件判断

四則演算以外で，最も重要な文法規則の一つが条件判断である．条件判断といっても複雑な判断ではなく，真か偽かを簡単に判定できるものに限られる．

Pythonなどでは，条件判断には，**図6.12**のような**if文**という構文が使われ，**図6.13**に示すような条件が一般的である．

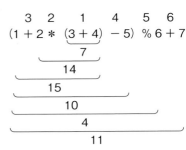

図6.11　四則演算の計算順序

```
if  条件：
        条件が成り立つ場合の処理
else：
        条件が成り立たない場合の処理
```

図6.12　if文の記述

a==b	aとbが等しい
a!=b	aとbが等しくない
a > b	aがbより大きい
a>=b	aがb以上
a < b	aがbより小さい
a<=b	aがb以下

図6.13　条件

たとえば，**図6.14**のプログラムは，変数aが奇数ならば「奇数」と表示し，偶数ならば「偶数」と表示する処理を行う．処理には，整数を2で割った余りが1ならば奇数，0ならば偶数という性質を利用する．2行目で変数aを2で割った余りを計算し，3行目で余りが1と等しいかどうかを判断する．もしも余りが1ならば奇数なので「奇数」と表示する処理を実行し，そうでなければ「偶数」と表

示する処理を実行する．この例では，1 行目で変数 a に 10 を代入しているので，結果は偶数となり，下の処理が実行される．「print」は，かっこ内を画面に表示することを表す．

```
a=10
a=a%2
if a==1:
    print("奇数")
else:
    print("偶数")
```

図 6.14 条件判断の例

(4) 繰り返し

条件判断と並んで重要な文法規則が繰り返しである．繰り返しは，ある条件が成り立つ間，決められた処理を繰り返す処理である．Python などでは，繰り返しには**図 6.15** のような **for 文**という構文が使われる．

たとえば，**図 6.16** のプログラムを実行すると，画面には 0, 1, 2, …, 9 が表示される．

```
for ループ変数 in range(回数):
    実行文
```

図 6.15 for 文の記述

```
for i in range(10):
    print(i)
```

図 6.16 繰り返しの例

6.3 データベース

◤6.3.1 データベース理論

データベースとは，大量のデータを保存，管理でき，データの検索，書き換えが容易に行えるものである．学籍簿などの比較的小規模なシステムから，銀行のオンラインシステム，戸籍管理などの大規模なものまである．インターネット上のホームページや，オンラインショップなどの膨大な閲覧・購入履歴などの**ビッグデータ**もデータの集まりと見ることはできるが，組織的に保存，管理され，検索できない場合には，データベースシステムとは見なされない．

データベースシステムは，**図 6.17** に示す三つの要素が重要になる．

大量のデータを扱うために，検索時の速度は重要である．データを検索する最も単純な方法は，データベース中のすべてのデータと比較することだが，時間がかかりすぎて実用性に欠ける．たとえば，住所録を調べるときに一つずつ探していくと時間がかかるが，ア行，カ行，サ行などの索引を付けておけ

```
1. 検索速度
2. データ量
3. 完備性
```

図 6.17 データベースシステムに必要な要素

ば，より速く見つけることができる．データベースでも同様に，いくつかの工夫を加えることで，高速な検索を実現している．

　データ量に関しては，最低でも数万個のデータが扱えなければならない．コンピュータハードウェア，OS，通信手段の制約により，物理的に多量のデータが扱えなかったり，ある個数以上になると急激に検索速度が遅くなったりするのでは大規模データベースシステムを構築することはできない．

　完備性とは，変更や削除などのデータ操作を行ってもデータの整合性が保たれることを意味する．たとえば，住所を変更するときには，必ず郵便番号も一緒に変更しなければならない．データベースでは，関係のある項目の一貫性を自動的に管理し，完備性を保つ必要がある．

6.3.2　データベースの表現法

　データベースのデータを表す単位のことを**レコード**という．レコード間の関係を表す代表的な表現法は，階層的表現，網的表現，関係的表現の三つである．

(1) 階層的表現（木構造）

　階層的表現とは，データを親，子，孫のような階層構造に並べ，最上位の親からたどることによって検索する表現法である（**図 6.18**）．たとえば，住所では，都道府県の下に市区町村，市区町村の下に番地があるという階層構造になっている．階層的表現は，直観的にわかりやすく，会社組織やコンピュータのディレクトリ構造のように多くの例がある．

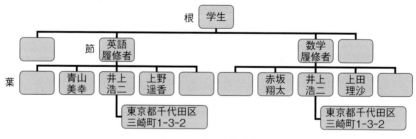

図 6.18　階層的表現

　階層構造は，木を逆にしたような形に見えるため，**木構造（ツリー構造）**と呼ばれる．階層の最上位を**根**（ルート），最下位を**葉**（リーフ），途中の枝分かれする部分を**節**（ノード）と呼ぶ．

　階層的表現は直観的にわかりやすいが，葉のデータを検索するときには，根から探し始め，すべての節をたどる必要があるので，検索時間がかかるという欠点

がある．また，葉のデータが重複することを容易に調べることができず，データ量が増えると，一方のデータを消去したときに，他方が残ってしまう可能性があり，完備性に問題がある．

(2) 網的表現（親子構造）

網的表現（ネットワーク表現）とは，データを親子構造に並べ，親子構造を順次たどることによって検索する表現法である．2段階のみの階層的表現と見ることができる．葉にあたるものには，データを表すデータレコードと，構造を表す**構造レコード**がある．親子関係をつなげると，階層構造はなくなり，全体として網状になるため網的表現と呼ばれる．

たとえば，**図6.19**のような授業の履修関係がある場合，構造レコードは「学生／英語履修者」「学生／数学履修者」のような親子構造を作る．さらに，それぞれの構造において履修者氏名をもつので，データの重複があった場合でもデータ量を増やすことなく，また完備性も保証できる．しかし，データの作り方が場当たり的であり，数学的な取扱いが困難であるという問題がある．

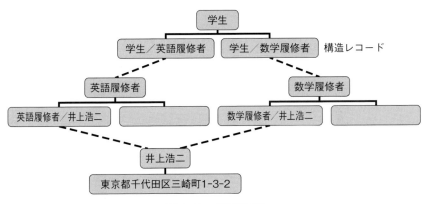

図 6.19　網的表現

(3) 関係的表現

関係的表現（リレーショナル表現）とは，個別の関係を表す表をもとにデータを記述し，表をたどって必要な情報を集める表現法である．現在のデータベースシステムの多くが関係的表現を基礎としている．

たとえば，履修関係を表現するのに，**図6.20**のような四つの表がある場合では，講義名の表から講義番号を得て，講義番号の表から学生証番号を調べ，学生名簿から個人データをアクセスするというような手順をとる．アクセス方法を考

慮しない独立した表を用いることにより，汎用で簡潔な表現が可能となる．また，数学的に完備性を保証できるため，コンピュータでの扱いも容易である．

講義名

講義番号	講義名
1001	英語
1002	数学

1001履修者

0500123
0500124

1002履修者

0500123
0500230

学生名薄

学生証番号	氏名	住所
0500123	井上浩二	東京都千代田区三崎町1-3-2
0500124	上野遥香	東京都千代田区神保町1-2-3

図 6.20　関係的表現の表

◼6.3.3　関係的表現のデータ操作

　関係的表現の数学的基礎は，1970 年頃に**エドガー・コッド**（Edgar Frank "Ted" Codd）によって研究された．コッドは，データ操作を数学的に表現することで，完備性を保証した．以下に，関係的表現の代表的なデータ操作について説明する．

　集合演算と呼ばれるデータ操作には，**図 6.21** のような四つの操作がある．集合演算は，数学の集合論で一般的に使われる操作の集まりである．**合併**は，「または（OR）」という意味を表し，数学的には∪の記号を使う（**図 6.22**）．**共通部分**は，「かつ（AND）」という意味を表し，∩の記号を使う．**差**は，「引く」という意味を表し，－の記号を使う．**直積**は，集合に属する要素の組を書き並べるもので，「連結する」という意味を表し，×の記号を使う．

1. 合併
2. 共通部分
3. 差
4. 直積

図 6.21　集合演算

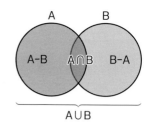

図 6.22　集合演算の意味

　集合演算のほかに，射影，選択，結合というデータベース独自の操作もある．**射影**とは，表の**フィールド名**（項目）が与えられたとき，項目に該当するリストを抜き出す操作である．**選択**とは，条件が与えられたときに，条件に合致するレコードを抜き出す操作である．たとえば，**図 6.23** のように学籍簿という表が与えられたとき，「出身地」のリストを抜き出すのが

射影，「東京都出身」という条件に当てはまる人のデータを抜き出すのが選択になる．

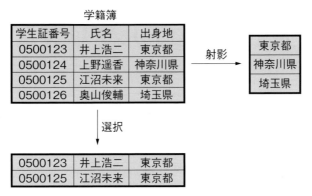

図 6.23 射影，選択の操作

結合とは，複数の表を結びつける操作である．同一フィールドを削除して結合することを**自然な結合**という．**図 6.24** の例では，重複する学生証番号と氏名が削除されている．

学生証番号	氏名	出身地
0500123	井上浩二	東京都
0500124	上野遥香	神奈川県
0500125	江沼未来	東京都
0500126	奥山俊輔	埼玉県

学生証番号	氏名	英語	数学
0500123	井上浩二	72	88
0500124	上野遥香	85	83
0500125	江沼未来	91	78
0500126	奥山俊輔	87	84

学生証番号	氏名	出身地	学生証番号	氏名	英語	数学
0500123	井上浩二	東京都	0500123	井上浩二	72	88
0500124	上野遥香	神奈川県	0500124	上野遥香	85	83
0500125	江沼未来	東京都	0500125	江沼未来	91	78
0500126	奥山俊輔	埼玉県	0500126	奥山俊輔	87	84

学生証番号	氏名	出身地	英語	数学
0500123	井上浩二	東京都	72	88
0500124	上野遥香	神奈川県	85	83
0500125	江沼未来	東京都	91	78
0500126	奥山俊輔	埼玉県	87	84

図 6.24 自然な結合の操作

7章
人工知能のアルゴリズム

　人工知能の応用には1章でふれたように回帰，分類，クラスタリング，推薦などがあり，これらは大量のデータを学習して予測する手法が基本となっている．学習には，大きく分けると，原因と結果の組がデータとして得られる場合と，そうでない場合があり，それぞれに適用する手法が異なる．この章では，人工知能で一般的に使われている手法について学習する．

7.1 学　　習

(1) 教師あり学習

　人工知能では，インターネット上のビッグデータをはじめとして，大量のデータを利用してモデルを生成し，回帰，分類，クラスタリング，推薦などの問題を解決する．データを原因とし，問題解決の解を結果とすると，原因と結果の関係

性の知見を得ることを学習と呼ぶ．学習の中で，正解となる既知の原因と結果の組を用いて，新たな予測を立てる手法を**教師あり学習**という（**図7.1**）．たとえば，過去の天候と売り上げの関係をもとに，今後の売り上げを天気予報に基づいて予測する場合や，手書き文字画像と文字ラベルの組に基づいて新たな手書き文字を認識する場合などが教師あり学習に相当する．

　教師あり学習で解決できる問題のうち，**回帰問題**は予測する対象が数値で

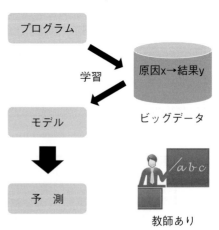

図7.1　教師あり学習

表される場合であり，**分類問題**は予測する対象が数値で表されない場合である．

　教師あり学習では既知の原因と結果の組を用いるが，すべての組を学習に利用するのではなく，一部は検証に用いることで生成されたモデルの妥当性を評価する．学習に用いるデータを**訓練データ**，妥当性を評価するための検証に用いるデータを**検証データ**，もしくは**テストデータ**という．

(2) 教師なし学習

　原因と結果の組を学習させるのではなく，単純に原因のデータだけを集めてモデルを生成する手法を**教師なし学習**という（**図7.2**）．たとえば，多種類の動物の写真を分類するような場合などが教師なし学習に相当する．教師あり学習と異なり，画像にはラベル付けがされていない．**クラスタリング問題**は，教師なし学習で解決できる問題の一つである．

(3) 強化学習

　一連の原因と結果の関係が与えられ，最終的な結果として得られる報酬を最大にする行動を学習することを**強化学習**という（**図7.3**）．一つひとつの行動の原因と結果の関係性はわからないという点で教師あり学習とは異なる．たとえば，ロボットの歩行のように，関節ごとの関係性がわからなくても前に進むことを成功とするような場合に強化学習が利用できる．

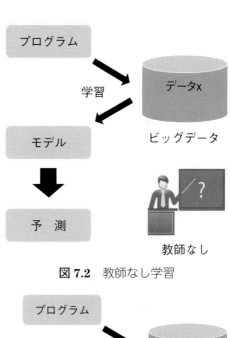

図7.2　教師なし学習

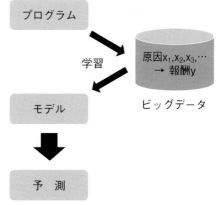

図7.3　強化学習

7.2　教師あり学習の代表的な手法

(1) 線形回帰

　教師あり学習の中で，原因と結果が数値で表
されるものを回帰問題といい，回帰問題を解決
するための最も単純で直感的な手法が**線形回帰**
である．たとえば，既知の身長と体重の組のデ
ータを利用して，与えられた身長に対する体重
を予測するような場合に線形回帰が活用できる．

　アルゴリズムとしては，既知のデータの組の
相関関係を代表する直線を求めて，与えられた
値に対応する直線上の値を予測するという手法

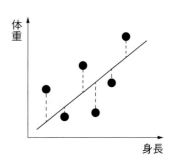

図 7.4　線形回帰

となる．身長と体重のような単純な場合であれば，**最小二乗法**を用いて相関関係
を代表する直線を求めることができる．これは，身長と体重の散布図の中心を通
る直線を求めることに相当し（**図 7.4**），データと求めるべき直線との距離を最小
にする手法で簡単に計算できる．データの要因が複数になる場合には**重回帰分析**
という手法で求めることができる．

(2) ロジスティック回帰

　線形回帰では結果となる要因は数値で表されるが，結果が「はい」か「いいえ」
のような2値で表される場合に用いられるのが**ロジスティック回帰**である．たと
えば，気温に対してアイスクリームを買うか買わないかのデータを集め，与えら
れた気温に対する購入予測を立てる場合などに利用できる．

　「はい」「いいえ」などの数値でない属性は扱いにくいため，ロジスティック回
帰では関係性を推定するために確率的な考え方を用い，2値を直接扱わずに，「は
い」に近い確率，「いいえ」に近い確率という確率の予測で分類する．基本的に
は，線形回帰と同様に，各要因を変数とする一次関数として「はい」か「いいえ」
に近い評価値を求めるが，確率として扱うために関数の値が0から1となるよう
に評価値を変換する．一般的には，0から1に変換する関数として単調増加する
シグモイド関数（**図 7.5**）などが使われる．

　線形回帰では一次関数の係数（重み）を最小二乗法で直接求めたが，ロジスティック回帰ではサンプルデータの分布からもっともらしい分布を推定する**最尤法**
（さいゆうほう）という手法により間接的に係数を求める．

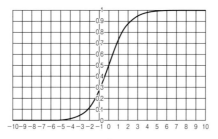

図7.5 シグモイド関数

(3) 決定木

　教師あり学習で分類問題に使われ
る手法として，直感的にわかりやす
いのが**決定木**である．決定木では，
図7.6のように木構造（階層的表現）
で与えられた条件に応じて根から葉
にかけて分類を進めていく．たとえ
ば，アイスクリームを購入したかど
うかについて10人のデータがあり，
判断した時点での気温，湿度，イベ
ントの有無という特徴量がわかって
いる場合を考える．まず，気温で分
けてみるが，気温の条件だけでは購

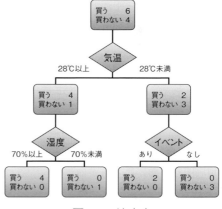

図7.6 決定木

入層を分類できないので，次に湿度，イベントの条件を判断して購入層が分類で
きるまで繰り返す．なお，適切な条件の適用順序や階層の深さを自動で設定する
には，グループ分類が整理された度合いを表す**不純度**の評価が必要になる.

　決定木は，判断の要因がわかりやすく，条件を制御しやすい方法であり，条件
として数値でもカテゴリーでも適用できるという利点がある．しかし，階層が深
くなるほど既知の訓練データだけにはよくあてはまるが，未知のデータに対して
の結果が良くないという**過学習**に陥る欠点がある.

(4) ランダムフォレスト

　ランダムに特徴量を選び出して決定木を作り，また一部のデータに対して決定
木に適用して予測結果を生成し，多数決もしくは平均で決定木を決める方法を**ラ
ンダムフォレスト**という（**図7.7**）．単純な決定木に対してランダムフォレストで

は過学習を防ぐことができ，また比較的高速に処理を行うことができる．

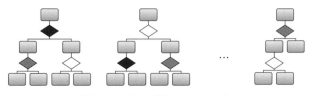

図7.7　ランダムフォレスト

(5) k 近傍法

k 近傍法とは，教師あり学習で分類問題の解決に使われる手法で，特徴量が少ないときには直感的に理解できる．たとえば，**図7.8** のように，二つの特徴量があり，既知のデータが●▲■の3種類に分類されるとき，与えられたデータ★が3種類のうちどれに分類されるかを求めるものとする．このとき，★から近い順に k 個（図では k =5）の既知のデータを選び，一番多い種類（図では●）に分類するものとする．

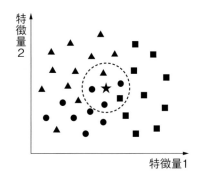

図7.8　k 近傍法

(6) サポートベクターマシン

サポートベクターマシンも教師あり学習の分類問題を解決する手法である．たとえば，**図7.9** に示すように二つの特徴量に対して既知のデータが●■の2種類に分類されているとし，与えられたデータ★がどちらに分類されるかを求めるものとする．このとき，●と■を分割する直線のうち，既知のデータからの距離が最も遠くなるもの（このことを**マージン最大化**という）をサポートベクターとし，★がどちら側になる

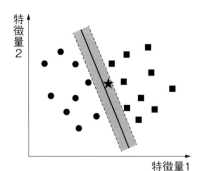

図7.9　サポートベクターマシン

かで分類する手法である．この例では，特徴量が二つであり，2種類を直線で分割できるので直感的に理解しやすいが，一般的には高次元の場合にも適用できる手法が考案されている．

7.3　教師なし学習の代表的な手法

(1) k 平均法

　k **平均法**（**k-means 法**）は教師なし学習のクラスタリングに使われる手法である．k 平均法のアルゴリズムを**図 7.10** で説明する．教師なしなので，初期状態では既知のデータ●は何も分類されていない．ここに，k 個（図では $k=2$ で，★と☆で表す）の参照データをランダムに生成し，これを仮のクラスター中心とする．既知のデータ●と仮の中心との距離を求め，近い方の中心に分類する．

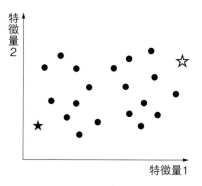

図 7.10　k 平均法（初期段階）

　図 7.11 では，★に近いほうを●，☆に近い方を○と分類している．次に分類された●の重心を新たな★，○の重心を新たな☆とする．これまでの分類にかかわらず，新しい重心★に近いものを●，☆に近いものを○と分類する．新たな分類についても同様に重心を求めて，同様な手続きを繰り返し，状態変化がなくなった時点でクラスタリングが終了したと判断する．

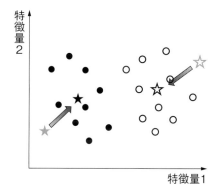

図 7.11　k 平均法（第 2 段階）

　単純な方法であるが，クラスターの個数 k の選び方や，重心の初期値によっては分類の結果は大きく左右される．

(2) 主成分分析

　教師なし学習では，多数の特徴量のあるものについてクラスタリングなどを行うと多大な計算時間がかかると同時に精度が悪くなる．そこで，関連しそうな特徴量をまとめて新たな特徴量とし，特徴量の数を減らすことで効率化を図る．このように，特徴量の数を減らすことを**次元削減**という．

　次元削減を実現する方法の一つが**主成分分析**である．主成分分析は**図 7.12** に示すように，データの重心を中心として，最も散らばり具合の大きいものを**第 1**

主成分，第1主成分に垂直方向の成分を**第2主成分**とし，第1主成分の値のみを用いる．一般的には，特徴量の数だけ成分があるが，高次の成分を考慮しないことで，データの性質をあまり失うことなく効率的に分析できる．

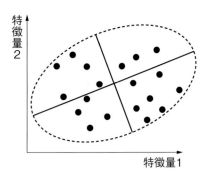

図7.12　主成分分析

7.4 深層学習

(1) ニューラルネットワーク

　人間の脳は**ニューロン**という神経細胞で構成され，ニューロンの電気刺激によって情報が伝達される．人間の神経細胞系にならってコンピュータで処理する回路の集まりを**ニューラルネットワーク**という．

(2) 単純パーセプトロン

　ニューラルネットワークの基本となる単位は**単純パーセプトロン**というモデルで表される．人間の神経では，電気刺激が入出力となるが，単純パーセプトロンでは，**図7.13**に示すように，特徴量が入力で，結果の判断が出力となる．たとえば，色や形を入力値として，種類を出力値とすることで分類ができる．このとき，どの特徴量をどれほど考慮するかを**重み**という要因で表す．重みを考慮した特徴量を足し合わせたときに，ある基準値（これを**しきい値**という）以上であれば分類にあてはまるとするモデルである．パーセプトロン自体は歴史が古く，1958年に**フランク・ローゼンブラット**（Frank Rosenblatt）が発表することで第1次AIブームを迎えることになった．

　単純パーセプトロンは，**図7.14**に示すように直線を境に分類するような線形問題には有効であるが，より複雑な問題には対応できない．このことが，人工知能の第一人者である**マービン・ミンスキー**（Marvin Minsky）や**シーモア・パパート**（Seymour Papert）らに指摘されることで，第1次AIブームが衰退することとなった．

(3) 多層パーセプトロン

　ニューラルネットワークのようにパーセプトロンを多層にすることで，より複

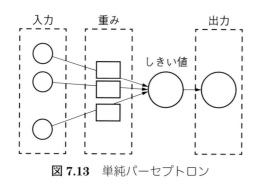

図 **7.13** 単純パーセプトロン

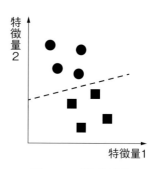

図 **7.14** 線形問題

雑な問題に対応できるようにしたのが**多層パーセプトロン**である．多層パーセプトロンは，**図7.15** に示すように，単純パーセプトロンの出力を次のパーセプトロンの新たな入力として利用し，これを多段階に組み合わせる構成となっている．中間段階のパーセプトロンは直接観察できないため**隠れ層**と呼ばれる．

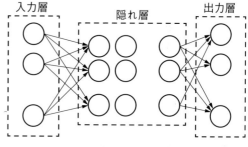

図 **7.15** 多層パーセプトロン

　最終的な出力を複数もつことができるため，**図7.16** のような多種類の分割問題や非線形問題に対応することができる．単純パーセプトロンでは，出力は条件に該当するかしないかの二者択一であったが，多層パーセプトロンでは，出力は0から1の確率となる．この性質を利用して，学習過程において正解と結果の差を小さくするように結果から逆方向に重みを修正する**誤差逆伝播法**

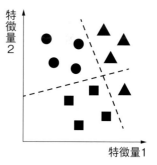

図 **7.16** 非線形問題

（**バックプロパゲーション**）により判定の精度を上げることができる．ただし，何段階の隠れ層を設定するかで結果は異なり，多すぎると計算時間が増えるだけでなく，重みの修正が困難になり精度が悪化する．

(4) 深層学習

　多層パーセプトロンは，特徴量を理解したうえで中間層を設定する必要があ

り，教師あり学習に適した手法である．
これに対して，特徴量がわからない場合
でも適用できるように多層パーセプトロ
ンを利用する手法を**深層学習（Deep
Learning**）という．基本的な考え方は，
多層パーセプトロンのように，最後の層
から重みを調整するのではなく，各層で
適切な重みを設定して，順次学習させる

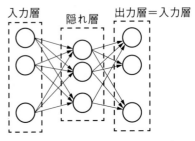

図7.17 オートエンコーダ

という方法である．各層で重みを設定するための基本となるのが，隠れ層の結果
を入力層とし，入力と出力を同一とすることで教師なしに重みを決定する**オート
エンコーダ**である（**図7.17**）．オートエンコーダを積み重ね，最終的な調整を加
えることで深層学習が実現できる．

　深層学習は適用する問題によってアルゴリズムも異なるが，代表的な画像認識
の問題の場合，すべてのニューロンを利用せずに，周辺画像などの一部のニュー
ロンを利用することで大規模なデータを扱える．また，多層パーセプトロンのよ
うに，認識結果からさかのぼって重みを決定する必要もないため，効率よく大容
量データを利用できる．画像以外でも，文字認識，音声認識，囲碁，将棋などの
特徴量を特定しにくい場合の解析に有効である．

7.5　手法の評価

　機械学習では，訓練データ（予測値）を使って作成したモデルを用いて検証デ
ータ（実際の値）に適用し，合っているかを計測することでモデルの正当性を評
価する．特徴量が0か1かなどの2値で表されるとして，2値をPositive（＋），
Negative（－）とする．また，予測値と実際が同じ場合をTrue，異なる場合を
Falseとする．予測値と実際の値の組合せは**図7.18**のような表になる．この表の
ことを**混同行列**という．

- ●TP：実際のデータが「＋」であり，正しく「＋」と予測できた数
- ●FP：実際のデータが「－」であるが，間違って「＋」と予測した数
- ●FN：実際のデータが「＋」であるが，間違って「－」と予測した数
- ●TN：実際のデータが「－」であり，正しく「－」と予測できた数

		予 測	
		Positive	Negative
実	Positive	真陽性 (True Positive：TP)	偽陰性 (False Negative：FN)
際	Negative	偽陽性 (False Positive：FP)	真陰性 (True Negative：TN)

図7.18 混同行列

　たとえば，実際には病気にかかっていないのに試薬の反応が陽性だった場合は FP（偽陽性）となる．予測が適切か否かの評価は，目的により指標が異なり，以下のような指標がよく用いられる．

(1) 正答率

　値が「＋」の場合でも，「－」の場合でも予測と実際が合っている割合を**正答率**，もしくは**正解率**という．

$$正答率 = \frac{TP + TN}{TP + TN + FP + FN}$$

(2) 適合率

　予測値が「＋」の中で，実際に「＋」である割合を**適合率**という．

$$適合率 = \frac{TP}{TP + FP}$$

(3) 再現率

　実際の値が「＋」の中で，「＋」だと予測できた割合を**再現率**という．

$$再現率 = \frac{TP}{TP + FN}$$

(4) F値

　適合率と再現率を総合的に判断する指標を **F値**という．

$$F値 = \frac{2 \times 適合率 \times 再現率}{適合率 + 再現率}$$

8章
メディアリテラシー

様々なメディアが提供する情報には，時として「虚偽」が含まれていることがある．情報が氾濫する社会にあっては，情報を分析し「虚偽」を見抜くと同時に，正しく判断する見識が必要とされる．この章では，こうした見識能力を含んだ「メディアリテラシー」について学習する．

8.1 メディアの定義

ここであらためて「**メディア**」とは何か整理しておくことにしよう．「メディア（media）」とは，ラテン語の「medius」（＝「中間の」）という語に名詞の語尾「um」が付いた言葉に由来し，「何かを何かへ媒介するもの」，「あらゆる媒介および媒介作用を内包しているもの」を意味している．第一次世界大戦後のアメリカでは，大衆消費社会の到来を背景として，特に新聞・雑誌・ラジオを集合的に表す言葉として広まったため，現在でも時として送り手から不特定多数の受け手へとメッセージを伝達する「**マスメディア**」と同義に使われることがある．だが実際は，有形であれ無形であれ，「中間的な働きをするもの」一切がメディアであると考えることもできよう．具体的にいえば，人間の身体・声，文字，本・雑誌・新聞といった印刷物，図書館・博物館・美術館，写真，映画，電話，ファクス，ラジオ・テレビ，パソコン，ケータイ・スマホなどがそうであり，インターネットに代表されるコンピュータネットワークそのものも現代の重要なメディアの一つということになる．

8.2 メディアリテラシーの必要性

最近では，ウェブページを閲覧していて，怪しいページに出くわすことがよくある．私たちは，情報には時として**虚偽が含まれる**ことを知ってはいるものの，

自分の検索したページなどの信憑性は，ついつい疑いもしないものである．また，テレビや新聞などのマスメディアによる報道は，すべて客観的事実を報じていると信じて疑わない人たちがいるのも事実であろう．1994年，わが国日本では，警察情報を鵜呑みにしたマスメディアによって，被害者が犯人扱いされるという松本サリン事件が発生した．また同年，世界に目を転じれば，アフリカ中部ルワンダにおいて，ラジオがある特定の民族を一方的に扇動する役割を果たし，約100日間のうちに推計80万人から100万人にもおよぶ犠牲者を出した大量殺戮（ジェノサイド）が起こった．1990年代後半以降，わが国でも**メディアリテラシー**を学ぶことの重要性が指摘されるようになってきたが，ここで，その歴史的背景を見ておくことにしよう．

1980年代，ビデオやTVゲームが普及し，テレビも衛星放送やCATVによる多チャンネル化が実現してきたため，いろいろなメディアに対する操作知識が必要とされる状況がうまれた．教育の現場では，パソコンの授業が導入され，メディアを用いた教育が実践されると同時に，メディアに関する教育が行われ始める．また，バブル経済崩壊後の日本政府と産業経済界は，ディジタル情報技術に精通した人材の育成を目指し始めたのであった．

次いで1990年代，湾岸戦争報道における「**情報操作**」や「**やらせ**」，前述した松本サリン事件においては「**メディアスクラム（Media Scrum）**」「**スタンピード（Stampede）現象**」などが取り沙汰され，さらには阪神淡路大震災においては安否情報など，報道のあり方そのものまでもが問題となった．日本における「メディアスクラム」とは，本来の意味から逸れて，事件当事者や容疑者・家族などにメディアが集団的な過熱取材を行うことを言い表しており，「スタンピード現象」とは，もともと野生動物の群れが集団的に同一の方向へ進路を変更することを指していたが，メディアの報道が一方的な方向へ流れていく現象を表すことに用いられるようになった言葉である．

こうしてテレビ・ラジオや新聞報道の内容を鵜呑みにしない批判的な見方が必要であるという気運が高まることになる．さらには，ビデオカメラの小型化，ディジタルカメラの普及が進むと同時に，インターネットの普及に伴うウェブページやブログによる情報発信の手軽さが社会問題化してきた．こうした歴史的経緯を背景に，もともと「読み書き能力」を意味していた「リテラシー（literacy）」という言葉から，「**メディアリテラシー（Media Literacy）**」という言葉がうまれ，その必要性が叫ばれるようになったわけである．

　したがって，「メディアリテラシー」とは，様々なメディアを目的に応じて使い分けることができる（**選択利用能力**）と同時に，メディアを通じた情報を批判的に受容することができ（**批判的受容能力**），そしてメディアを通じて自己を表現し（**表現発信能力**），他者とのかかわりを実践できる能力（**コミュニケーション実践能力**）を意味しているといえよう．

8.3　メ ー ル

　メディアリテラシーは，「マスメディア」「ソーシャルメディア」「パーソナルメディア」それぞれについて涵養されるべきものだが，次に，パーソナルメディアの代表として「**電子メール（Electronic Mail）**」のリテラシーについて考えてみよう．いまや，電子メール（以降，「メール」と略記）は情報社会の必需品となった．しかし，必需品である割には何の考慮もすることなく使っている人があまりにも多い．使い方からしてリテラシーの有無が垣間見えてくるのも事実であろう．以下メールを利用する際のチェック事項である．

(1) メールと個人情報／プライバシーについて

　①メールは基本的には「私信」なので，ユーザ名・パスワードといったメール特有の個人情報や本文を入力している**他者の手元やキーボードを覗き込まない**．

　②私信とはいえ，例えば会社などでメールを使用する場合は，会社のインフラとしての電話を使用することと同じであって，個人的内容のメール送信は控えるべきである．会社が就業規則などで私用メールを公認していないかぎり，就業中に個人的なメールを送信し，そのメールを会社側が検閲したとしてもプライバシーの侵害には該当しない．通常，管理者という職務権限が与えられた人による検閲行為があり得ることを，従業員に何らかの仕方で告知しているからであり，逆に，会社側が従業員に告知しておらず検閲行為が発覚した場合は，プライバシーの侵害になる可能性がある．

　③メールアドレスは，いうまでもなく重要な**個人情報**であるため，必ず自分専用のものを使用し，「公開するか非公開にするか」各自で責任をもって管理する．**メールアドレスは，電話番号と同様，通常原則的には「非公開」**，つまり本人の許可なしに第三者に教えてはならないものである．「公開」とは，本人の許可を必要とせずに第三者に教えてもよいと本人が表明した場合の扱いである．

④**送信相手どうしが面識ない関係にある場合は，複数のアドレスを併記するのは避け，個人情報としてのメールアドレス保護に配慮する**．たとえば，ケータイ・スマホからアドレス変更通知メールを一斉送信する場合なども，宛先の属性を **Bcc（Blind carbon copy）** に変更して送信するように心がける．

⑤クレジットの暗証番号など，**個人特有の重要な情報は書かない**．メールは，たとえていうなら「封書」ではなく「葉書」と同様である．インターネット上でのメールの送受信は，たとえどんなに暗号化技術が駆使されようとも，いかなる場合も白日のもとに晒される可能性があることを理解したうえで使用すべきである．

⑥なるべく**署名（Signature）** を使用するように心がける．署名を付与することにより，本人が作成し，かつ付与設定をしたことが相手に伝わる．署名は，氏名・所属・メールアドレス・電話番号など，あくまでも個人情報に配慮したうえで作成し，送信相手によって内容を取捨選択すべきものである．

⑦学校や会社から送信する場合，メールアドレスには学校名や会社名という肩書きが入っていることを忘れない．

(2) To・Cc/Bcc・件名について

①送信相手どうしが面識ない関係にある場合は，複数のアドレスを併記するのは避けるべきであることは前述したとおりであるが，逆に，面識ある者どうしを列挙する場合は，人によって年齢・性別・職位などを気にする人もいるので，列挙順にも配慮するよう心がける．

②アドレスそのものには基本的に敬称は不要であるが，**アドレス帳を利用して宛先を記入する場合**，先方が受け取ったときのことを考え，**登録名（見出し名），とりわけ敬称に配慮すべき場合もある**ので注意を要する．就職活動や上司宛など，配慮した方がいい場合は，手間隙を惜しむべきではない．

③重要なメールは，万が一に備え送信メールの控えをとるか，**Cc（Carbon Copy）** 欄に自分宛のアドレスを指定し送信しておくとよい．ネットワークが正常に稼動しているか確認するのにも役立つし，先方に対しても控えをとっているというメッセージにもなる．

④**件名は必ず入力する**．無題だとスパムメール（後述参照）フィルタによって不審メールと判断され，最悪の場合，削除されてしまう可能性もある．

⑤**Mail Delivery Subsystem〈MAILER-DAEMON〉** からメールが届いた場合は，メールアドレスの間違いが原因で相手に配信されていないので，再度ア

ドレスを確認し，再送信する．

（3）メールの本文について

①本文のレイアウトを工夫したり，種々の書式（フォント・文字色 etc.）を設定したりする場合，相手も同様に再現できる画面やソフトであるとは限らないので，各機種・各種ソフトの多様性に対応できるレイアウトや書式設定で作成・送信するように心がける．

②個人情報管理上，クレジットの暗証番号など，個人特有の重要な情報は書くべきではないことは前述したとおりであるが，加えて，**他人の誹謗中傷など，見られては困るような内容は書かない**．アドレスを間違えて送信してしまったら取り返しのつかないことになる．

③常に読む側の立場に立つと同時に，相手に読んでもらうという謙虚な態度を忘れない．あくまでも相手と内容によるが，伝達事項などは簡潔明瞭に，むだに長いメールは書かない．**返信を要求するときは言葉遣いにも配慮する**．

（4）メール返信について

①引用文は適宜省略するなどして簡略化に努めるのが原則だが，やりとりの全体を把握する必要や，正確な伝達に注意を払わなければならない場合は，全文引用を心がけた方がよい．

②相手の引用文中に誤字脱字があろうと，メールの同一性を保持するために，手を加えるべきではない．

③**返信のタイミングを逸しないようにする**．内容にもよるが，メールをもらったら返信するのがエチケットというものである．とはいえ，**即レスがかえって失礼にあたる**場合もあるので注意を要する．

（5）添付ファイルとフィッシング詐欺について

①ファイルを添付するときは常に漏えい時のことを考慮し，セキュリティ上，たとえば MS-Office の機能（AES128 ビット暗号化機能）などを利用して，**暗号化（パスワード付き）して添付すべき**である．

②写真などを添付する場合，必ずファイルの容量を確認し，相手の通信環境を考慮したサイズを添付するようにする．

③受信した添付ファイルを展開するときは，ウイルス感染に十分注意する．

④実行可能型ファイル（**拡張子が「.exe」**）の展開と実行には十分注意する．

⑤**見知らぬ人からの添付ファイルは，展開せずにメールごと削除する**．たとえ有名企業からであっても心当たりがないメールも同様であって，ファイルが

添付されていなてくも，本文中のURLをクリックさせ，個人情報を取得しようとする**フィッシング（phishing）詐欺**の場合もあるので十分に注意を要する．

(6) 返信・転送について

① **チェーンメール**は無視し，かつ返信・転送しない．チェーンメールとは，内容はどうであれ，メールの転送を複数の人間に要求するものであり，不幸の手紙のようなものであったり，福祉活動を装ったり，ウイルスの流行に対する注意であったりする．

② **スパム*メール（spam mail）**対策としては，スパムメールフィルタ機能を使用すると有効であるが，配信された場合は無視し，かつ返信・転送しない．スパムメールとは，受信者の許諾なしに何度も一方的に送りつけてくるメールの総称で，「**ジャンクメール（junk mail）**」などとも呼ばれる．海外からのメールに多い．

③ コンピュータウイルス情報など，とにかく出自が不確かで根拠薄弱なメールは転送しない．

以上，「パーソナルメディア」としてのメールの発信能力，すなわちメールリテラシーについて説明してきたが，では次に，「ソーシャルメディア」としてのSNSについてはどうであろうか．目的に応じたメールと使い分けはもちろんのこと，セキュリティに関する各種設定ができ，SNS上で言ってはならないことやつぶやいてはいけないこと，アップしてはいけない写真や動画のこと，使ってはいけない画像，転送してはいけない投稿などについてしっかりと配慮ができているでいるであろうか．世代によって異なるが，数あるリテラシーの中で最も危ういリテラシーが，SNSに関するリテラシーだといえそうである．節を改めて考察してみよう．

---

*もともとスパムは，アメリカ・ホーメルフーズ社の軍用食豚肉缶詰の登録商標名（大文字表記の「SPAM」）だったが，イギリスの娯楽テレビ番組中，スパムが嫌いにもかかわらず，周囲から「スパム，スパム」と何度も合唱され，スパム以外の選択の余地がなくなったというシーンから，何度も同じことを繰り返し，本来の目的を妨げる迷惑行為が「スパム（spam＝小文字表記）」と呼ばれるようになったといわれている．

8.4　X（旧 Twitter）

　X にリブランディングされた Twitter は，2006 年 7 月にアメリカでサービスが
スタート，2007 年 3 月同国で開催されたイベントをきっかけに一躍脚光を浴びる
ようになり，2008 年 4 月には日本語版が利用可能となった．2020 年総務省の調
査によると，全年代の利用率は 42.3 ％で，LINE に続き 10 代，20 代の若年層の
利用率が高くなっている．

　2011 年 3 月 11 日の東日本大震災以降急激にユーザ数が増加したが，これは移
動体メディア（ケータイやスマホ）からのアクセスが容易で，情報の共有・拡散
力に威力を発揮し，さまざまな情報をリアルタイムで確認できるという利便性が
支持された結果と考えられる．ひと言でいえば，個人レベルでの情報発信収集メ
ディアとしてツール化したといってよい．

　情報量という点からみると，「1 ポストの情報量」は「1 文字の情報量」×「文
字数」であって，結局，たとえば英語などに比べると日本語のほうが 1 ポストあ
たりの情報量が多い計算になる（最も多いのは中国語である）．英語の情報の約 2
倍を送信できる情報量の違いからしても，アメリカなどに比べると，日本での X
（旧 Twitter）の利用率が高いといえよう．

　以下に，X（旧 Twitter）を利用する際に身につけておくべきリテラシー内容を
概観するので，各自チェックしておこう．

□掲載する写真や画像には細心の注意を

　芸能人・キャラクターの写真や画像，アルバムジャケット写真や映画ポスタ
ーを無断で掲載すると著作権の侵害になるのは当然だが，自分のプロフィール
画像に，たとえ自分で描いた画像であっても，**何かを「見て描いた」／「真似て
描いた」ものを使用した場合は著作権の侵害**とみなされる．また，第三者が意
図的に写し込まれている写真の場合（ただし，偶然に写り込んだ場合や公共の
場での不特定多数を除く），**プライバシー権（肖像権）が主張され得るので必
ず許可をとるべきである**．また，写っている第三者が有名人の場合は，**パブリ
シティ権（所属事務所などによる肖像を商業的に使用する権利）**が主張され得
るので注意を要する．

□タグ付けによるプライバシー侵害に注意

　また，2014 年 3 月から写真掲載の際のタグ付け機能，つまり写真に写ってい

る人物が特定でき，タグからその人物のアカウントに飛ぶことができる新機能が可能となったが，被写体のプライバシーや肖像権を配慮し，タグ付けの際は必ず相手の許可を得る一方，自分のタグ付け不許可や範囲設定などをしておく．

□リポストは慎重に

未確認情報を未検証のままリポストしたり，誤った情報を勘違いしたまま伝言ゲームのようにリポストしたり，**リポスト機能によるデマ・虚偽情報の拡散には細心の注意**を払わねばならない．

□常に誰かに見られている

X（旧 Twitter）は，非公開利用（いわゆる鍵つき利用）も可能なため，時としてパーソナルメディア，例えばメールのように勘違いされる危険性がある．あくまでも不特定多数に送信されるソーシャルメディアであることを忘れない．また，匿名でポストできるといっても，お気に入りの傾向や発言内容の傾向からして個人は特定可能であり，たとえ鍵つきアカウントであってもフォロワー次第で公開される可能性を意識する必要がある．

□ストレス解消のツールではない

本アカ・裏アカといった複数のアカウントを所有している人は，本音と建前のバランスに配慮しているともいえるが，本音をつぶやくことがストレスの解消となるからといって，何を言ってもよいということにはならない．

□"パクリ行為"は恥ずべき無知

第三者に承認してもらいたいという欲求などから，他人の文章をコピーしてそのままポストする**パクリ行為**は恥ずべき行為である．また，ネット上のものはフリー素材ではなく，もし対象のポストに著作物にあたるような表現が含まれていれば，その行為はまぎれもなく著作権侵害行為である．

□反社会的・非社会的発言をしてはならない

罪を犯した発言や犯すような発言，さらには手伝ったかのような発言，つまり**犯罪行為に類するような反社会的発言**をしてはならない．また，いくら表現の自由という権利があるとはいえ，**礼節を欠いた発言や他人の誹謗中傷，プライバシーの侵害に類する報告といったネガティブな発言**は控えるべきであると同時に，自らの発言・表現に責任を負う自覚をもつ．そもそも，反社会的・非社会的発言とは以下に関するような発言である．

- ●未成年者の飲酒，喫煙について
- ●危険薬物について

- 自転車，自動車走行中の携帯利用について
- バイト先の守秘義務の無視について
- バイト就業時間中の携帯利用について
- 署名人のみならず他人の目撃情報などプライバシー侵害について
- カンニングや代返（または代返相当行為）について
- レポートのコピペについて
- 授業のサボタージュについて
- 映画，番組，ゲームのネタばらしについて

これらに関する発言が，個人的に非難されるだけでなく，所属組織にも迷惑をかけ，退学，解雇，賠償などの理由となることも肝に銘じておく必要がある．

□感情的反応はしない

過剰な感情的反応をせず，逆に感情的反応をしているユーザからは距離を取るようにし，意外な情報，不安をあおる情報などに釣られないようにして，常に重大な情報はソースの確認を行うようにする．

□炎上によって社会的制裁を受ける

反社会的・非社会的発言をすると，ネット上で激しい個人攻撃や個人情報を暴露する**ネット自警団**によってポストが拡散され，炎上を招く恐れが生じる．また，文字数が制限されていることによって情報が正確に伝わらないというリスクもあるため，発言の仕方によっても炎上する危険性がある．所属組織や大学名，住所，本名，電話番号，成績，交友関係，アルバイト先などが特定され流出し，学生の場合は退学など，結果的に社会的制裁を受ける可能性もある．

□DMリクエスト管理について

ダイレクトメッセージ（DM）は，二者だけに開かれた掲示板のようなものであって，基本的にメールシステムとは全く異なる．以前とは異なり，現在DMの送受信はフォロワー，すべてのDM受信を許可しているアカウント，過去にDM送受信したアカウントとなっている．すべてのDM受信を許可する設定は一般的ではなくまれである．

□位置情報によって特定される

位置情報は個人を特定することを可能にする情報であることを念頭に，ポスト本文中にも発言すべきではなく，また同様に（映り込みを含めて）場所がわかるような写真を掲載すべきではない．

□アプリ連携管理について

　アカウントとアプリ連携によって，アカウントの持ち主の意図とは無関係に，特定のアカウントのつぶやき（宣伝）がリポストされたりすることがある（**スパムポスト**）．その他心当たりのないアカウントをフォローしていたり DMが送信されてきたり，アプリ連携によって生ずるトラブルが絶えない．その場合はアカウントと連携している不審なアプリを解除する．（**図 8.1**）

図 8.1　アプリ連携管理画面例

□リンクに注意

　短縮を含めたリンクは，信憑性のあるポスト以外はむやみに開くべきではない．メールに埋め込まれた URL 同様，フィッシング詐欺を思い浮べるべきである（8.3 節（5）参照）．

□設定を定期的に確認・変更

　以上をふまえたプライバシーとセキュリティ設定を定期的に確認し，場合によっては変更保存することがリテラシーの基本である．

8.5　Facebook

Facebook は 2004 年，当時ハーバード大学の学生だったマーク・ザッカーバーグらによって創業された．利用登録は実名が原則で，利用者の多くが，氏名に加えて年齢や住所，出身地，出身校，勤務先，趣味嗜好などを登録するため，属性に合わせた効率のよいつながりや検索，広告活動が可能となっている．匿名も可能な X（旧 Twitter）に比べて，実名登録という安心感が大きく，友人関係の再構築がしやすいのが特徴である．

以下に，Facebook を利用する際に身につけておくべきリテラシー内容を概観するので，各自チェックしておこう．

□プライバシーを設定する

まずは「アカウント」から「設定とプライバシー」と進み「プライバシー設定の確認」（**図 8.2**）を利用して投稿の共有範囲を設定し，同時に友達リクエストができる範囲や検索範囲，加えて検索エンジンサイトでの検索許可なども設定しておくのが基本である．次いでアクセス許可全般や自分の情報について詳細を一つずつ丁寧に設定する．

図 8.2　プライバシー設定画面例

□設定を定期的に確認・変更

ネットワーク効果（「ある人がネットワークに加入することによって，その人の効用を増加させるだけでなく，他の加入者の効用も増加させる効果」総務省）がすすむにつれ，設定を定期的に確認し，場合によっては変更・保存することを心がける．

□友達の人数を気にするのは無意味

　友達の多さが，その人のコミュニケーション能力を表しているわけではない．X（旧 Twitter）や Instagram のフォロワー数水増し行為と同様，人数を故意に増やすことは偽装行為であり，そもそもまったくの無意味である．ネット上での名ばかりのつながりの多さを気にするあまり，現実世界のつながりの少なさを知られたくないがために，一人でランチしているところを見られたくないといった心の偏向(いわゆる「**ランチメイト症候群**」といった現象)を生む原因にもなる．

□就職活動時の利用心得

　社会的基礎力のある学生は Facebook を利用しているという思い込みから，**セルフブランディング**を過剰に意識して，自分がやったことでもないのに自分の手柄のように書くのは友達数水増しと同様，偽装行為にほかならない．また，就職試験に関して，筆記や面接の試験内容・様子などを投稿したり，他社を貶めたりするような内容は控えるべきである．

□望まない「友達リクエスト」対策

　友達になりたくない人や会社の上司などからのリクエストについては，友達リクエストを送信できる人の範囲設定をしておくのが基本だが，加えて「**制限リスト**」をうまく使うとよい．制限リストに加えると，そのリストに入っている友達は，投稿内容やプロフィールに関しては完全に公開している情報しか見えなくなるのが原則となる．したがって，制限リストに加えておいて，投稿内容によっては投稿時に公開設定に変更すればよい．制限リストに加えるには，その人のトップページに移動し，「友達」から「友達リスト編集」と進むと「制限」項目が出てくるので，チェックを付けて完了する．

□むやみに「いいね！」や「シェア」をしない

　身元不明な投稿画像はむやみにシェアしない．投稿者によって後から編集される可能性があり，いつの間にか他のページと連動設定されてしまったり，結果的にデマ情報を拡散してしまったりすることもある．シェア行為は自分の友達への責任を負うことでもある点に留意すべきである．また「いいね！」も，その人の心の志向や傾向が知られるために，むやみやたらにクリックしないのが得策である．

□写真掲載／タグ付けには細心の注意を

　X（旧 Twitter）と同様，第三者が撮影した写真を掲載すると著作権の侵害に

なる．また，第三者が意図的に写し込まれている写真の場合（ただし，偶然に写り込んだ場合や公共の場での不特定多数を除く），プライバシー権（肖像権）が主張され得るので必ず許可をとるべきである．また，写っている第三者が有名人の場合は，パブリシティ権が主張され得るので注意を要する．さらには，写真の「タグ付け」機能にも注意を要する．Facebook の場合「タグ付け」とは，その人のタイムラインへのリンクを作成する機能である．「タグ付け」した投稿はあくまでも自分の投稿である限り，自分の友達も見ることができるようになると同時に，タグ付けされた相手のタイムラインにもその写真が掲載され，結果，相手の友達も見ることができるようになってしまう．タグ付け行為の際には，この両方に責任を負う必要がある．したがって，タグを付ける側としては，**必ず事前に相手に確認を取るのがマナー**であって，知り合いだけのコミュニティという思い込みから，安易な気持ちでタグ付けしてはならない．また逆に，今のところ完全なタグ付け防止ができない以上，自分がタグ付けされた写真やテキストがタイムラインにアップされる以前に掲載の可否を選択できる確認設定にしておけば，少なくとも自分のタイムラインへの掲載をコントロール可能である．

□**アカウントが乗っ取られないために**

　Facebook 登録メールアドレスが知られ，友達のなかに同一人物による3人以上の「**なりすましアカウント**」が承認されていれば，セキュリティコードを使ってメールアドレスとパスワードが変更され，簡単にアカウントが乗っ取られてしまう可能性がある．よって，**全く知らない人からの友達申請は承認すべきではない**．より確実にアカウント乗っ取りを防ぐには，メールアドレスを非公開にし，信頼できる連絡先3〜5人をあらかじめ設定しておくとよい（**図8.3**）．

□**スパムアプリに注意**

　Facebook の「アプリ」とは，ゲーム・イベント・写真などの使いやすい機能を提供するソフトで，サイトの利用体験を向上させることを目的としたソフト群である．「アプリ」には，Facebook が提供しているものと，Facebook 以外から提供されているサードパーティアプリの2種類があり，後者の中に個人情報を奪い，流出させるようなスパムアプリが確認されている．友達がスパムアプリと連携している場合も，自分の情報が友人から漏れる可能性がある．アプリの評価点数とレビューなどを参考にし，使い慣れないうちは極力使用しない方がよい．

□**グラフ検索への対処**

　グラフ検索とは，出身校・勤務先・居住地・「いいね！」など，Facebook 上

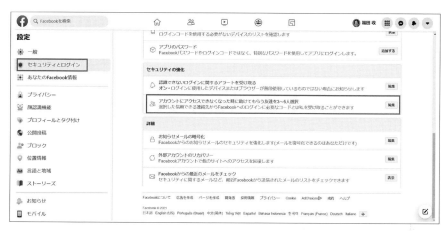

図 8.3　信頼できる連絡先

で公開している多岐に渡るデータをもとに，さまざまなキーワードで人物の検索を可能にする機能である．検索される際にはそれぞれのデータの共有範囲が反映されるシステムなので，公開データの共有範囲を「友達のみ」または「自分のみ」に制限していれば検索されずにすむ．

8.6　LINE

LINE とは，韓国 IT 大手企業 NAVER の日本法人(株)LINE（旧 NHNJapan）が開発したメッセンジャーソフトで，2011 年 3 月の東日本大震災 1ヵ月後に開発に着手され，6 月にリリースされた．当初はメッセンジャーソフトと位置づけられていたが，ホームやタイムラインといった公開機能を実装するに及んで，SNS の一つとして認知されている．2020 年総務省の調査によると，LINE の全年代利用率は最も高く 90.3％となっており，年代別に見ても各年代で最も利用率が高い．世界的に見れば，2021 年 4 月段階でユーザ数は 1 億 8,700 万人とされ，そのうち1 億 6,900 万人が日本・インドネシア・タイ・台湾で占められており，アジア圏での利用率が高い SNS である．

　以下に，LINE を利用する際に身につけておくべきリテラシー内容を概観するので，各自チェックしておこう．

☐ **ID は個人情報，公開してはならない**

　LINE の ID は，電話番号やメールアドレスと同等な個人情報なので，知らない人に教えたり，他の SNS やネット上に公開したり絶対にしてはならない．

さらに,「友だちへの追加」許可設定と同様,ID の検索ができないように設定しておくべきである（**図8.4**）．au（KDDI）・NTT ドコモ・ソフトバンクモバイルが提供するすべての iPhone・Android スマートフォンにおいては,各通信会社の年齢認証システムと連動し,18 歳未満のユーザ ID の検索利用が制限されている.

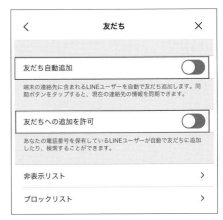

図 8.4　ID 検索・友だち追加設定

□ LINE の安心安全ガイド

ネットは社会であるがゆえ,マナーを意識し守るのは社会に生活する人間の義務である.LINE は「LINE Safety Center」にて安心安全ガイドを以下のように公開している（http://linecorp.com/ja/safety/.　**図 8.5** 参照).

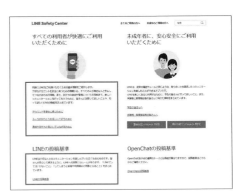

図 8.5　LINE の安心安全ガイド

LINE の利用者はこの安心安全ガイドを必ず熟読すべきであって,熟読することこそリテラシーを育むことである. 特に

● アカウントを安全に保つために

● トークのやりとりを安心して行うために

● 家族や友だちと安心してつながるために

● LINE の投稿基準

は大切であるがゆえ，重要な点を整理しておこう．

□ アカウントを守るために

　まずは推測されにくいパスワードを設定することが基本である．**パスワードは絶対に使い回してはならない**．さらにアカウントを乗っ取る手法として，友だちになりすまして電話番号と認証番号を聞き出す事例が報告されているので，**認証番号（SMS 宛に届く 4 桁の番号）も絶対に教えてはいけない**．さらには偽サイトに誘導して個人情報を盗み取る**フィッシング詐欺**の危険もあるので，不用意に URL にアクセスするのも控えるべきである．この点，URL が安全かどうかをチェックするサービス（例えば「ウィルスバスターチェック！」）もあるので利用するとよい．また，他端末からのログイン許可をオフにしておくとよいのだが，AppleWatch と連動させたい場合はオンにしておかなければならない．

□ LINE 利用上の禁止行為

　以下の行為をすると，利用停止対象となるので注意を要する．特に⑥には誹謗中傷やいじめの表現も含まれている．

① 法律に違反するような面識のない異性との出会いや交際を求める行為

② 露骨な性的表現やわいせつな画像投稿

③ 技術的な方法を使って行う迷惑行為（スパム行為）

④ LINE が認めていない商用利用

⑤ なりすましやデマなどの行為

⑥ 不快表現・迷惑行為

⑦ 犯罪や薬物乱用など違法行為や呼びかけ

⑧ 安心な利用を阻害する行為

□「既読」表示について

　「既読」表示は，東日本大震災の安否情報ニーズを配慮して装備された機能であるが，既読にもかかわらず何も返信しないリアクション（スルー）がある．対応がスルーされる現象は**「既読スルー」**と呼ばれているが，もともと災害時の安否確認のための表示であった開発者の原点に留意し，表示に振り回され，コミュニケーションに悪影響を及ぼさないように十分配慮する．そもそも

既読を表示することなく閲覧できる方法があり，閲覧を可能にするソフトも出回っているので，既読表示も偽装できることを知っておくべきである．

□**本人確認**

　2台のケータイあるいはスマートフォンを用意し，そのうちの1台にLINEをインストール，登録する．その際に，他方の電話番号と認証番号を入力すれば，容易に電話番号通知も偽装できることになるので，本人確認を怠らないようにする．また，ケータイ・スマートフォンを解約すると，現在約半年から一年後に新規契約者に割り振られる．そのため，以前使っていた持ち主の知り合いから，所有者が変わったことを知らないがために電話がかかってくることがあったりする．LINEは基本的に電話番号を使って登録するわけだから，こうした状況を悪用した「なりすまし」も可能であって，被害に巻き込まれぬよう本人確認を怠らないようにする．

8.7　Instagram

Instagramは2010年に誕生し，2014年から日本語対応となった．2017年には「インスタ映え」という流行語を生みだし，Facebookを抜いてX（旧Twitter）とほぼ肩を並べるまで普及している（2020年総務省によると利用率42.3 %）．そもそもInstagramは，写真と動画を扱う**視覚メディア**であってみれば，言語の垣根を超え，世代をも超えた全世界的なユーザ交流を可能にするSNSといっても過言ではない．写真や短い動画をアップする過程は，個人的な活動記録を作成するようでもあり，思い出のアルバム作りのようでもあるし，あるいは自分の作品発表の場としても利用できる．さらには，視覚情報によるわけであるから，様々な企業のイメージやブランド作りにも貢献し得ると捉えられ，いまでは企業の広告メディアとしてマーケティング手法の一つに取り込まれている．

　こうしたInstagramではあるが，現在利用されているSNSのなかでも問題が水面下で深刻である．明らかに魅力的なコミュニケーションツールである反面，裏では**エンゲージメント**（「いいね」やコメント数）を買い，自分を偽る人間が多数存在しており，それに応ずるかのように**フェイクフォロワー**や**クローンフォロワー**（＝ネット上のプロフィールをコピーしたフェイクフォロワー）が売られている現状がある．たとえば，日本のフォロワーアカウント販売サイトでの値段をみると，フォロワー1,000人＝5,200円，1,000「いいね」＝2,500円といった具合であり，海外なら10,000人＝€35（約4,200円）の場合もある．あるいはその逆な

のかもしれず，フェイクフォロワーやクローンフォロワーが簡単に手に入るからこそ，偽る人間が多数出てくるのかもしれない．いずれにせよ，現在世界に存在するフェイクアカウント数はおよそ1億にものぼり，ある世界的著名人のフォロワーの20％はフェイクともいわれている．こうした偽り・水増しインフルエンサーとそのマーケティングを見抜く力が**インスタリテラシー**ともいえよう．以下，具体的にみてみよう．

□フォロワー数について

　X（旧Twitter）やFacebookと同様，前述したように，フォロワー数を気にするあまり「映え」に走ったり盛ったり，ひいては直接フォロワー数の偽装に及んだりするのは本末転倒であろう．どうしても気になるであれば，投稿時の詳細設定にて「いいね」数と閲覧数を非表示にするとよい．そもそもSNSとは他人と比較しやすいツールであって，だからこそ**承認欲求や承認不安，つまりは弱い自己肯定感と強い劣等感の増幅へと導かれる**こととなる．

□時差スタグラム投稿

　文字どおり，撮影した写真や動画をすぐに投稿するのではなく，ある程度時間経過してから投稿することである．撮影から投稿までのタイムラグは，まず写真を加工する時間を要する場合に必然的に生ずるが，意図的に時間差を設ける場合がある．それは世間の話題となるタイミングを図る場合があり，たとえばみんなと同時に同じ話題の写真や動画を投稿することをあえて避ける場合などがそうである．そしてインスタリテラシー上重要なのは，**リアルタイムで投稿場所の特定を防ぐための時差投稿**であろう．写真や動画にはさまざまな情報が写り込んでいるわけだが，周囲の風景以外にも，人物の眼に映じる風景，建物の窓，道路のマンホールなどでも場所が特定可能となる．**リアルタイムでの位置がわかれば，すなわち自宅が留守であることもわかる**わけであるから，投稿する前に，自分の位置情報について意識する余裕をもつべきであろう．

□写り込みに注意

　こうした位置情報のほかに，写真と動画である以上，他のSNSと同様，**著作権や肖像権**，そして**パブリシティ権**に対する配慮は当然である．また，さまざまな無意図的な情報が写り込んでいることにも注意を要する．前述したように，人の眼や建物の窓，背景などに写り込んでいる情報にも敏感であるべきである．

□**リール音源の著作権**について

　リール（Reels）とは，2020 年に追加された機能で，15～30 秒 BGM や AR 効果を付して表現でき，ストーリーズのように 24 時間で消えることもなく，複数の動画を投稿してつなぎ合わせることもできる投稿動画である．**リールで検索可能な音源はとりあえず著作権をクリアしていると考えてよいが，なかにはクリアされていないものが混入し投稿動画が削除された事例も報告されている**ので注意を要する．この場合，削除異議申請をして削除が取り消される場合もあるが，すべてがその限りではないようである．また，投稿されたオリジナル音源を使用すると，「オリジナル音源」と表記され，かつ音源ページで元動画が記載されるが，そもそもオリジナル音源が著作権をクリアしているかどうかが問題である．いずれにせよオリジナル音源には著作権フリーなものを使用すべきである．

□**フォロー**と「**制限**」について

　まったく見知らぬ人をフォローする場合，あるいはフォローバックする場合，その人のプロフィールを確認すべきことはいうまでもないことだが，投稿内容に儲け話や何かへ誘導するような話が掲載されている場合や，投稿を続けていないと判断できる場合，さらには**フォロー数が多くフォロワー数が極端に少ないような場合**は注意を要する．また，知り合いを「ブロック」したりフォローを解除したりすることなく望まないやりとりを「制限」する機能がある．制限対象者によるコメントは当人どうし以外には公開されなくなるので炎上防止にもなるので，「ミュート」機能ともども設定と機能を知っておくとよい．

□**本人確認**

　アカウントが乗っ取られ，なりすましにあわないよう本人確認を怠らないようにする．自分の投稿についてのアクション「♡」ではなく，自分のアカウント画面の「**アクティビティ**」から身に覚えのない利用をチェックすることを習慣とすべきである．（**図 8.6**）

図 8.6　Instagram のアクティビティ

9章
ビジネス文書の基礎
(Word)

単に文字を入力するだけなら，文字入力専用ソフトであるテキストエディタが軽快で優れている．ワードプロセッサ（通常ワープロ）の意義は，文字に装飾を施したり，画像の配置や段組みなどの様々な書式を設定し，見た目も整った，ビジネスシーンに適した文書を作成するという点にある．

9.1 画面構成

(1) スタート画面

起動すると文書の**テンプレート**（デザインの雛形）の選択画面になる（**図9.1**）．いずれかを選択すると，そのデザイン・用途の文書が作成されるが，パソコンがインターネットにつながっていれば，他のテンプレートをオンラインで検

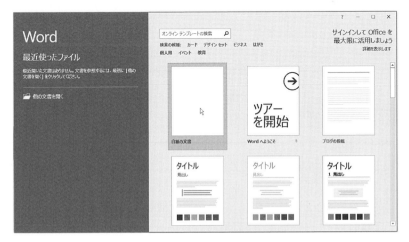

図 9.1 Word のスタート画面

索・利用することもできる.

(2) 編集画面

　タイトルバー左に**クイックアクセスツールバー**があり，その下に**タブ**の集合体の**リボン**があり（**図 9.2**），特定のオブジェクトを選択したときに初めて表示されるタブもある. タブには，**グループ**でまとめられた**コマンドボタン**が配されるが，すべての機能が登録されているわけではない. グループ名の右端にある（**ダイアログボックス）ランチャーボタン**をクリックするとダイアログが開き，そのグループに関するすべての機能を利用できるようになる.

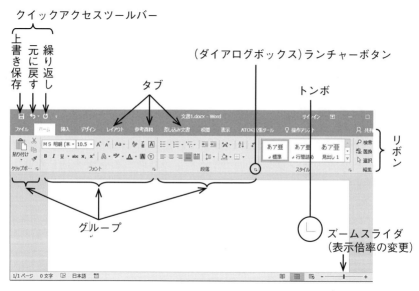

図 9.2　編集画面

9.2　文書全体の設定

(1) ページ設定

　文書を作成するには，後でレイアウトが崩れてしまわないように，まず全体の体裁を設定しておく必要があり，最低限必要な設定項目は次の二つである.

① 　用紙の大きさと向き，余白，文字方向（縦書きか横書きか）

② 　基本のフォントとポイント，1 ページの行数と 1 行の文字数

　字間（行内の字と字との間隔）は空き過ぎるとかえって読みにくくなり，**行間**

は狭いと見にくくなることを念頭にお
いて設定する.[**レイアウト**]タブ-
[**ページ設定**]グループで,用紙や余
白などを大雑把に設定できるが,詳細
に設定したい場合は,[ページ設定]
グループの**ランチャーボタン**をクリッ
クして[**ページ設定**]ダイアログ(**図
9.3**)を出して行う.

図 **9.3** [ページ設定]ダイアログ

(2) ヘッダーとフッター

　ページの余白部分にあって,複数ペ
ージに共通する内容,たとえばページ
番号や日付,文書名や章の名前などを
印刷するための領域.上部余白の領域
が**ヘッダー**で,下部余白の領域が**フッ
ター**である.ヘッダーやフッターを利
用するときには,あらかじめページ設定で,その分の余白を設けておく必要があ
る.

　ヘッダー,フッターの編集は,[挿入]タブ-[ヘッダーとフッター]グループの
[ヘッダー]/[フッター]の各ボタンをクリックし,ドロップダウンリストの
[デザインギャラリー]の中から適当なものをクリックして選択するか,下部の
[**ヘッダーの編集**][**フッターの編集**]をクリックする.

　編集状態に入ると,[**ヘッダーとフッター**]タブが表示される.各ページ共通
の文字は領域に直接入力し,ページ番号などの特殊な項目や位置の設定などはリ
ボンの上で行う(**図 9.4**).文字の装飾や領域内のレイアウトは,本文と同様のや
り方で行うことができる.

図 **9.4** ヘッダーとフッターのタブ

　文書編集に戻るには,[閉じる]グループにある[**ヘッダーとフッターを閉じ
る**]ボタンをクリックするか,文書の上をダブルクリックする.

117

9.3　文章の編集と保存/印刷

(1) 文字単位の書式設定

設定したい文字の範囲を選択すると自動的に**ミニツールバー**が表示され，フォントの種類やサイズなど，いくつかの設定が簡単に行える（**図9.5**）.

図9.5　ミニツールバー

その他の設定のほとんどは，文字列を選択しておき，［ホーム］タブ-[**フォント**]グループの各ボタンをクリックして行うが，**縦中横**（縦書き文書中で，一部の文字を横書きに配置）や**組文字**（6文字以内の文字列を，1行の中に2段で表示），**文字幅**の拡大／縮小などの**拡張書式**は，［段落］グループの［**拡張書式**］ボタンから行う（**図9.6**）.

フォントグループ　　　　　拡張書式ボタン

図9.6　［フォント］グループと［拡張書式］ボタン

(2) 段落単位の書式設定

Enterキーで改行すると鉤型（かぎがた）の矢印記号↵が行末に表示されるが，これは改行を表すマークではなく，**段落記号**である．段落記号から次の段落記号までの間が1段落である．文字数や行数は無関係で，全く文字がなくても段落として扱われる．段落を変えずに改行だけしたいときには，**Shift＋Enter**で行う．すると，改行を表す下向きの矢印マーク↓が表示される.

段落単位の設定は，一つの段落にだけ設定する場合は，範囲の選択は必要な

く，カーソルが含まれている段落が設定対象になる．複数の段落を一度に設定したい場合は，設定したいすべての段落にかかる形で範囲を選択しておく必要がある．

　［ホーム］タブ-[段落]グループ（**図 9.7**）に基本的なコマンドボタンが並ぶが，［レイアウト］タブ-[段落]グループでも，インデントと行間の設定を行えるようになっている（**図 9.8**）．また，文字列の選択で表示される［ミニツールバー］でも，インデントレベルと箇条書きなどを設定することができる．

図 9.7 ［ホーム］タブ-[段落]グループ

図 9.8 ［レイアウト］タブ-[段落]グループ

（3）範囲の選択

　範囲選択を行うには，マウスで選択したい範囲をドラッグするか，キーボードで **Shift** キーを押しながら矢印キー（←↑↓→）を押していく．選択された文字列は色が反転して表示される．また，**離れた位置の追加選択は Ctrl キーを併用**して，マウスのクリックあるいはドラッグで行う．追加選択は，対応していないアプリケーションもある．

　範囲選択された状態では，BackSpace キーや Delete キーを押すと，選択範囲全体が削除され，文字入力を行うと選択範囲全体と入力文字が置き換わる．

(4) コピーと切り取り・移動

　Windows の内部には**クリップボード**という記憶領域があり，コピーや移動は，このクリップボードを仲介して行われる．

　コピーは，選択範囲をクリップボードにコピーして格納し，別の場所にその内容を貼り付ける．**移動**は，選択範囲を切り取ってクリップボードに格納する点がコピーと異なるだけで，同じ流れの操作となる．クリップボードへのコピーは，マウスで右クリックして［コピー］を選択するか，キーボードでは**Ctrl＋C**である．**切り取り**は，マウスを右クリックして［切り取り］を選択するか，キーボードでは**Ctrl＋X**である．

　クリップボードの内容を貼り付け，コピー／移動を完了するには，マウスでは右クリックから**［貼り付けのオプション］**を選択し，元の書式のまま貼り付けるか，書式を除いて内容だけを貼り付けるかを選択する．［ホーム］タブ–[クリップボード]グループ–[貼り付け］ボタン下部の▼をクリックし，**［形式を選択して貼り付け］**をクリックすると，さらにさまざまな形式での貼り付けが選択できる（**図 9.9**）．キーボードでは**Ctrl＋V**で元の書式すべてが貼り付く．

図 9.9　［貼り付け］のオプション

　移動に関しては，マウスで選択範囲をドラッグ＆ドロップしても指定した位置に移動できる．画面に見えている範囲内の移動ならば，最もすばやくできるやり方である．ただし，この方法では，クリップボードを仲介せず，また，この操作に対応していないソフトウェアもある．

(5) クリップボード

　クリップボードの中身は，クリアされたり，新たにコピーの操作が行われたりするまで，保持されたままになる．したがって，同じものを何度でも貼り付けることができる．

　Word では，［ホーム］タブ–**[クリップボード]** グループのランチャーボタンをクリックすると，クリップボードの**履歴一覧**が表示され，一覧の中から選んで貼り付けることもできる．また，クリップボードに格納できるのは文字列だけではなく，画像などの**オブジェクト**も格納できるので，文字列のコピーや移動とまっ

たく同じ操作で，画像などのコピーや移動が行える．

(6) 検索と置き換え

単純な語句の検索は**ナビゲーションウィンドウ**で行う．［ホーム］タブ右端の［編集］グループ–［検索］ボタンをクリックするか，［表示］タブ–［表示］グループ–［ナビゲーション ウィンドウ］をクリックしてチェックを入れると，画面左の領域にナビゲーション ウィンドウが表示される（**図 9.10**）．

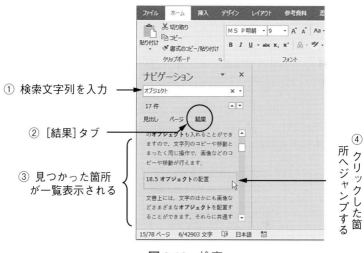

① 検索文字列を入力
② ［結果］タブ
③ 見つかった箇所が一覧表示される
④ クリックした箇所へジャンプする

図 9.10　検索

ウィンドウ内の**検索ボックス**（入力欄）に検索したい語句を入力すれば，即座に検索が実行される．ナビゲーションのタブを**［結果］**にすれば，見つかった箇所の一覧がウィンドウ内に表示され，一覧をクリックすると，本文のその箇所にジャンプする．

置き換えは，同じ［編集］グループの［置換］ボタンをクリックし，**［検索と置換]**ダイアログを出して行う（**図 9.11**）．同じダイアログでタブを切り替えれば，**［高度な検索］**を行うことができる．

(7) 箇条書き

箇条書きには，**行頭が記号の箇条書き**，**番号付き段落**，階層構造を意識した**アウトライン**形式の三つがある．［ホーム］タブ–［段落］グループにある各コマンドボタンをクリックし，設定や変更を行う（**図 9.12**）．

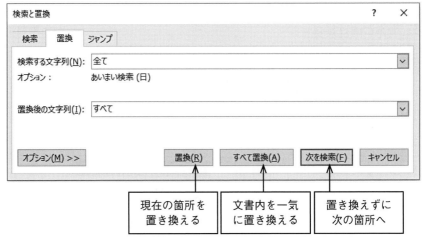

図 **9.11**　置き換え

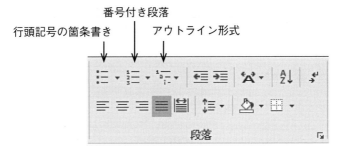

図 **9.12**　［ホーム］タブ-［段落］グループの箇条書きボタン

　範囲選択していない状態でクリックすると，箇条書きでの入力モードに入り，範囲選択してクリックすると，その範囲を箇条書き形式に変える．また，各ボタンの右の▼をクリックしてメニューを出し，行頭の記号や段落番号の種類，リストのスタイルなどを変更・設定できる．

　行頭の記号や番号の位置，項目の各レベルの書き出しの位置などの設定・調整は，箇条書きの段落内で右クリックし，**［リストのインデントの調整］** を選択して，表示されるダイアログで行う（**図 9.13**）．

(8) 段組み

　行を複数の段に分けてレイアウトするのが **段組み** で，簡単な設定は，［レイアウト］タブ-［ページ設定］グループ-**[段組]** ボタンをクリックし，リストから選

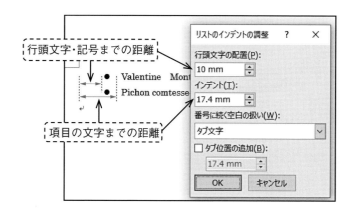

図 9.13 リストのインデントの調整

択して行う（**図 9.14**）．このとき，事前に範囲選択されていると，その範囲だけが設定され，範囲選択されていなかった場合は，文書全体が設定される．

　より詳細に各種の設定をしたい場合は，設定したい範囲が「文書あるいはセクション全体」「選択しておいた範囲」「現在のカーソル位置以降文書末まで」のいずれであるのかに合わせて，範囲選択やカーソルを移動させるという準備が必要である．準備が整ったら，上記の［段

図 9.14 段組みの簡易設定

組］ボタンをクリックし，[**段組みの詳細設定**] を選択してダイアログを出す（**図9.15**）．なお，段数を「1 段」に設定すると，段組みは**解除**される．

（9）スタイルの利用と目次の作成

　何らかの書式設定を行うと，**スタイル**として Word 内部に記憶される．また，いくつかの書式のスタイルは，あらかじめ名前をつけて登録されており，［ホーム］タブ-［スタイル］グループ-[**スタイルギャラリー**] から選択することで，ワンタッチで適用できる（**図 9.16**）．

　［スタイル］グループのランチャーボタンをクリックすると，**スタイルウィンドウ**が現われ，さまざまなスタイルを一覧に表示させることができるようになる．表示スタイルの設定は，［スタイル ウィンドウ］下部の [**オプション**] をク

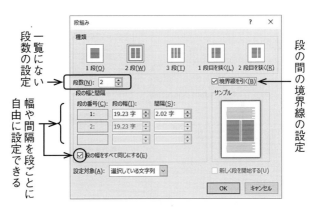

図 9.15　段組みの詳細な設定

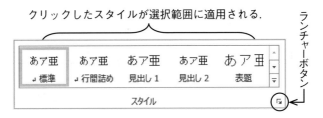

図 9.16　スタイルギャラリー

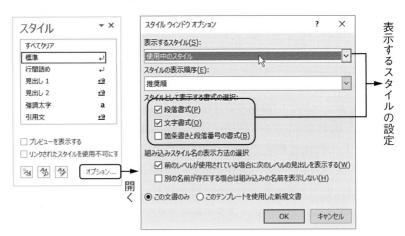

図 9.17　スタイルウィンドウとそのオプション

リックすると現われる［**スタイル ウィンドウ オプション**］ダイアログで行う
（**図 9.17**）．［表示するスタイル］欄で［**使用中のスタイル**］を選択すると，自分

で設定した書式もすべて表示される．［スタイル ギャラリー］と同様，一覧の中でクリックして同じスタイルを適用することができる．また［見出し］をもとに，目次の作成を行うことができる．**［参考資料］**タブ–［目次］グループ–［目次］をクリックして形式を選択すると，カーソル位置に目次が作成される．文書内容に変更があったら，［参考資料］タブ–［目次］グループ–**［目次の更新］**をクリックすれば，ページを合わせてくれる．

(10) ナビゲーションウィンドウ

ナビゲーションウィンドウには，**［検索結果］**のほか，サムネイルでの**［ページ］**の一覧表示や，**［見出し］**の**アウトライン**を，切り替えて表示させることができる．ナビゲーションウィンドウを表示するには，［表示］タブ–［表示］グループにある［ナビゲーションウィンドウ］チェックボックスをクリックして，チェックを入れる（**図 9.18**）．

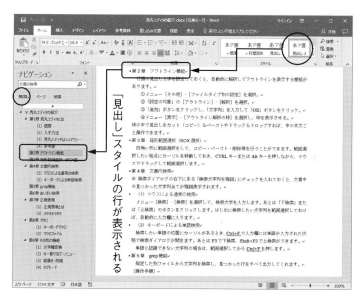

図 9.18 ナビゲーションウィンドウ

［見出し］は，スタイル名に「見出し」の文字が含まれるタイトルの段落を，目次のようにアウトライン表示する．ウィンドウ内で，ドラッグ＆ドロップして項目の順序を変えたり，右クリックから［削除］を選択して，章や節ごと削除したりという，編集作業も行うこともできる．章や節のタイトル行を「見出し」を含

むスタイル名で設定しておけば，作業効率を大幅に高めることにもつながるので，積極的に活用したい機能である．

(11) アンドゥ（元に戻す）

　誤った操作を取り消す**アンドゥ（元に戻す）**機能がある．**［クイックアクセスツールバー］**-**［元に戻す］** ボタン ⟳▾ の矢印部分をクリックすれば（9.1 節（2）参照），直前の操作を取り消してくれる（キーボードでは **Ctrl＋Z**）．右横▼のクリックで操作の履歴がリストで一覧表示され，一覧から選んだ地点までさかのぼって操作を取り消すことができる．やり直しが利かなくなる操作もあるので，予想と違う結果になったときには，別の操作に移らずに，すぐに［元に戻す］を実行するようにしよう．

(12) 文書の保存

　［ファイル］ タブをクリックして画面左の帯から，**［上書き保存］**か**［名前を付けて保存］**を選択する（**図 9.19**）．［上書き保存］の場合は，［クイックアクセスツールバー］の **［上書き保存］ボタン** 💾 のクリックで，ワンタッチで保存することもできる（キーボードでは **Ctrl＋S**）．

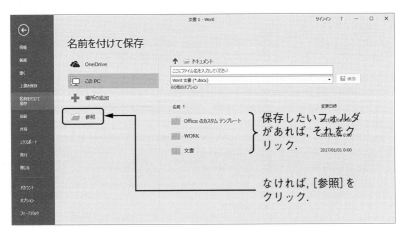

図 9.19　［ファイル］タブ–[名前をつけて保存]

　［名前を付けて保存］の場合，まず，保存したい場所（ドライブとフォルダ）を指定する．［最近使用したフォルダー］に表示されていれば，それをクリックする．
　［最近使用したフォルダー］にない場合には，**［参照］**をクリックする．現われた**［名前をつけて保存］**ダイアログで保存したい場所（フォルダ）を開き，［ファ

イル名] 欄に保存したい名前を入力する. 拡張子は自動で付加されるので入力の必要はない. 旧バージョンの Word でも使用したい場合は, [ファイルの種類] を [Word 97-2003 文書] に変える. 特にその必要がなければ, すべての機能が保存される [Word 文書 (*.docx)] のままがよいだろう (**図 9.20**). すべてが整ったら, 右下 [保存] ボタンをクリックする.

図 9.20 [名前をつけて保存] ダイアログ

(13) 印 刷

[**ファイル**] タブ-[**印刷**] をクリックすると, 左に設定画面, 右に**プレビュー**のある印刷画面が表示される (**図 9.21**). プレビューを見ながら, プリンタの選択, 印刷範囲や印刷方法などを設定し, 上部の印刷ボタンを押して印刷を実行する. 特に, 印刷範囲は十分に確認して, 不要なページが印刷されないような注意が必要である.

9.4 表 の 作 成

表の外枠・内枠などの線を**罫線**, マス目を**セル**, 縦方向を**列**, 横方向を**行**という.

(1) 作表と表の解除

表を挿入したい位置にカーソルを移しておき, [**挿入**] タブ-[**表**] グループにある, [表] ボタンをクリックする. 表示されたメニューにあるサンプルの表で, 作りたい行数と列数分の位置のマス目をマウスでなぞれば作成される. あるいは

メニューの［表の挿入］をクリックしてダイアログを表示させ，行数，列数を数値で入力して作ることもできる（図 9.22）.

　また，表にしたい入力済みの文字列に区切り記号（コンマ・タブ etc.）を挿入すれば，それらを表の形に変換することができる．表にしたいデータの範囲を選択しておき，［挿入］タブ-［表］グループ-［表］ボタンをクリックし，表示されたメニューの**［文字列を表にする］**をクリックする．［文字列を表にする］ダイアログが表示されるので，挿入した区切り記号を指定して［OK］をクリックする.

　カーソルが表内部にあるか，表が選択状態にあると，**［テーブルデザイン］**タブと**［レイアウト］**タブが表示され，様々な編集が可能となる.

　表を削除して文字列を復元するには，**［レイアウト］**タブ-**［データ］**グループ-**［表の解除］**ボタンをクリックし，次に文字列の区切り（タブ・コンマ etc.）を選択して OK をクリックすると通常の文字列とすることができる.

(2) 調　整

　マウスが表の内部にあるとき，左上に十字マーク「⊞」が，右下に白四角「□」が表示される．⊞をドラッグすれば移動，□をドラッグする

図 9.21　印刷

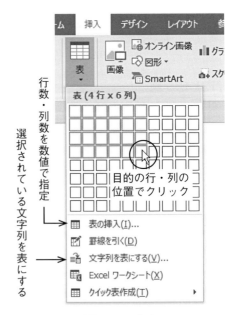

図 9.22　作表

と表全体の**サイズ変更**となる（**図 9.23**）.

図 9.23 表の扱い

罫線はドラッグして位置を移動できる. 縦罫線は, **Shift キーを押しながらド
ラッグ**すれば, 右側の列幅を変えずに移動できる, 結果, 右側の表全体が動く.
また, 文字が入力されている場合, 罫線のダブルクリックで, 文字列に合わせて
幅を**自動調整**してくれる.

行・列の挿入や各種デザインの調整は, ［**レイアウト**］タブおよび［**テーブルデ
ザイン**］タブで行う. 一つのセルが一つの文書のようなつもりで, 本文と同様
に, 文字や段落に対する装飾などの書式設定を行うことができる. セル内の文字
の配置や方向（横書き・縦書き）は, ［レイアウト］タブの［**配置**］で設定する.

一度に複数のセルに設定するには, 表の内部をマウスでドラッグするか, キー
ボードでは Shift ＋ 矢印キーで複数セルを選択してから実行する. また, ［レイア
ウト］タブ-［表］グループ-［**選択**］ボタンでは, リストから行／列／表全体の選
択ができる.

［テーブルデザイン］タブ-［**飾り枠**］グループで罫線を設定しておき, 表の罫
線をドラッグしてなぞると罫線の変更ができる. ［レイアウト］タブ-［**罫線の作
成**］グループでは, ［**罫線を引く**］をクリックすれば罫線を追加して引くことが
でき, ［**罫線の削除**］をクリックすればドラッグしてなぞった罫線が削除される.

9.5 オブジェクトの配置

(1) ワードアート

ワードアートとは, 通常の書式設定ではできない特殊な効果が設定された文字
列のことである. 文字として編集できるが, 全体としては, 画像と同じ扱いのオ
ブジェクトになる. ［挿入］タブの［テキスト］グループにある［ワードアートの
挿入］ボタンをクリックすると, まず［**ワードアートギャラリー**］（デザインの一

覧）が表示される．希望のデザインをクリックして選択すると，カーソル位置に作成される（**図9.24**）．「ここに文字を入力」と書かれた領域をクリックし，表示したい文字列を入力する．作成した後でも入力した領域をクリック，[**図形の書式**] タブ−[**ワードアートのスタイル**] で別のデザインに変更することができる．

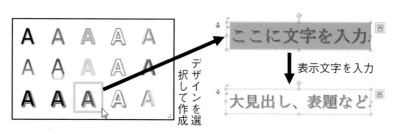

図9.24　ワードアートの挿入

(2) テキストボックス

　新聞や雑誌のコラム欄のような，本文とは別の文字領域を**テキストボックス**という．作成するには，[**挿入**] タブ−[**テキスト**] グループ−[**テキストボックス**] ボタンをクリックする．組み込みスタイルの一覧が表示されるので，サンプルの中から選ぶとそのスタイルで作成される．下方の [**横書きテキスト　ボックスの描画**] または [**縦書きテキスト　ボックスの描画**] を選択した場合，文書上でドラッグして作成する．

　テキストボックスの内部は，独立した一つの文書のような扱いとなり，本文同様の書式設定をしたりすることができる．全体としては，画像と同様の扱いとなる．

(3) 図形描写

　手軽に絵を描くことのできる図形描画の機能が用意されている．[挿入] タブ−[図] グループ−[**図形**] ボタンをクリックして図形の一覧が表示されたら，描きたい図形や線を選択し，文書上でドラッグして描く．独特の描き方をするものを二つ挙げておく．（**図9.25**）

　フリーフォーム：クリックしたポイントを直線で結ぶ．ダブルクリックで終了．

　曲線：クリックしたポイントを曲線で結ぶ．ダブルクリックで終了．

　内部に文字を入れることを前提とした図形に [**吹き出し**] があるが，吹き出し以外でも，丸，四角，台形など，閉じた図形には，右クリックから [**テキストの追加**] を選択することで，内部に文字を入力することができるようになる．テキ

ストが追加された図形は，テキストボックスと
同じ扱いになる．図形一覧の最下部［新しい描
画キャンバス］を選択すると，**描画キャンバス**
という図形を描くための領域が作られる．この
領域内に描くと，全体を一つのオブジェクトと
して扱うことができるようになる．

(4) SmartArt グラフィック

SmartArt とは，リスト，ピラミッド，組織
図，関係図など，情報を視覚的に表現する図形
のことである．［挿入］タブ−［図形］グループ−
［SmartArt］ボタンをクリックし，［SmartArt グ
ラフィックの選択］ダイアログから使用したい
図形を選択して［OK］をクリックする．
SmartArt が選択状態になると，**［SmartArt の**
デザイン］タブと**［書式］**タブが現れるので，
デザインや書式の設定はこれらのタブで行う．

(5) 画像ファイルの挿入

［挿入］タブ−［図］グループ−**［画像］**ボタン

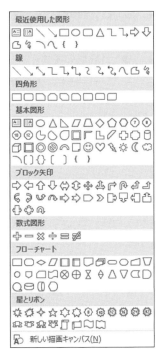

図 9.25 図形一覧

をクリックすると，**［画像の挿入元］**ダイアログが現われるので，自分が使って
いるパソコン内に保存した画像，フリー素材画像（Microsoft 365 のみ），そして
オンライン画像から選択し，挿入したい画像ファイルを指定して［挿入］をクリ
ックする．

(6) グループ化

複数のオブジェクトを選択し，右クリックから**［グループ化］−［グループ化］**
を選ぶと，全体を一つの図形のように扱うことができるようになり，まとめて移
動させたりコピーしたりするのに便利である．再度右クリックから**［グループ**
化］−［グループ解除］を選択して，グループ化を解除することもできる．

(7) 共通の操作

文書上には，ほかにも画像など様々な**オブジェクト**を配置することができる．
多くは**［挿入］**タブのボタンから挿入して配置する．

異なる種類のオブジェクトでも，操作やメニューが共通であるものが多い．

● オブジェクトの上でマウスをクリックすると，オブジェクトが選択状態と

なり，選択枠が表示される．同時に，タブに**［図形の書式］**タブが現われる（**図9.26**）．

▶　**［図形の書式］**タブでは，「塗りつぶし」「枠線」「効果」の設定や調整，サイズの変更などのほか，「配置」や「文字列の折り返し」などの設定ができる．

▶　**「文字列の折り返し」**は，オブジェクトと本文の文字列との関係であり，文字列がどのようにオブジェクトを避けて重ならないようにするか，あるいは，あえて重ねるかなどの設定である．

▶　オブジェクトは後から作られたものが順に上に重なっていくが，［書式］タブ−［配置］グループの，**［前面へ移動］ ［背面へ移動］**ボタンでその順序を変えることができる．

ここから選択して図形を描ける　　　　　文字列の折り返しの設定

図9.26　［図形の書式］タブ

● **選択枠のマーク**をドラッグするとサイズの変更ができる．マークを外してマウスのポインタが，のときに枠をドラッグすると**オブジェクトの移動**となる．

● 黄色のマークは，ドラッグして変形の度合いや接点の位置の調整などを行う．

● 回転マーク（◉）をドラッグすると，オブジェクトを回転させることができる．

● **オブジェクトの削除**は，選択して**Delete**キーを押すのが最も手早い．

10章
ビジネスプレゼンの基礎
(PowerPoint)

PowerPoint は，プレゼン資料を効果的に伝達するためのスライドを作成するソフトである．ビジネスシーンでのプレゼンのメインスキルはあくまで口頭であり，スライドはその補助にすぎない．発表内容そのものはもちろん，スピーチの仕方や所作など，スライド以外の要素の方が重要であることを念頭に，以下その使い方をみていこう．

10.1 画面構成

(1) スタート画面

起動直後のスタート画面では，作成するスライドのデザインを，テンプレートから選択する．パソコンがインターネットにつながっていれば，他のテンプレートをオンラインで検索・利用することもできる．

(2) 標準モード画面

[新しいプレゼンテーション]を開くと，**表紙のスライド**が用意され，あとは新しいスライドを追加していく．表紙のスライドには，プレゼンテーション全体としての**タイトル**と，**サブタイトル**（サブタイトルのほか，社名や所属，発表者名，場所，日付，イベント名などを書いてもよい）の**プレースホルダ**（文字やコンテンツの表示領域）とがある．実際のプレゼンテーションでは，表紙のスライドを映している間に挨拶や自己紹介，プレゼンテーションの趣旨を簡単に説明したりする．

その他のスライドは，**標準モード**で作業を行う．標準モード画面は，右に大きくスライドの編集画面があり，左にスライドのサムネイル（縮小）一覧が表示され，サムネイルをクリックして編集するスライドを選択する（**図10.1**）.

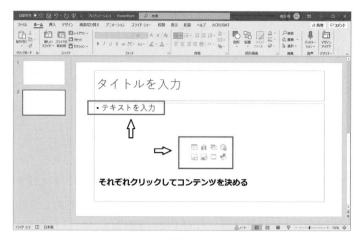

図 10.1　標準モードの各部

（3）スライドの追加，削除，移動

　[ホーム]タブか[挿入]タブにある[**新しいスライド**]ボタンの▼部分をクリックして，スライドのレイアウト一覧から選択してスライドを追加する（**図 10.2**）．表紙以外の[タイトル]は，そのスライドとしてのタイトルで，[**テキスト**]は**箇条書き**をいう．[**コンテンツ**]は，スライドが追加された後決める．[**テキストを入力**]のガイドに従って，文字を入力すると，そのプレースホルダは箇条書きとなる．他のコンテンツを配置したければ，中央部のアイコンをクリックする．コンテンツのうち[**グラフ**]は，エクセルと全く同じ操作で作業を行う．他のコンテンツや箇条書きも，Wordで学習したものと同じ操作である．

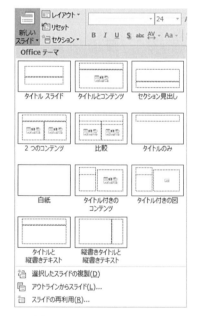

図 10.2　レイアウト一覧

　不要なスライドの削除は，サムネイルの上で右クリックして[**スライドの削除**]を選択する．**スライドの移動**は，サムネイルをドラッグし，移動したい位置でドロップする．

(4) スライド一覧モード

　[表示] タブ-[プレゼンテーションの表示] グループでは，スライドを様々なモードで表示させることができ（**図10.3**），スライド下のステータスバーから簡単に表示させることができる（**図10.4**）．なかでも [**スライド一覧**] モードでは，標準モードのサムネイルと同じ操作で**スライドのコピー**や**削除**ができるので，全体を見てスライド構成を確認しながら，スライドを並べ替えたり，削除したりなどの作業を行う．

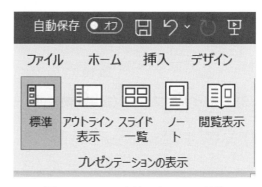

図10.3　スライドの表示モード①

図10.4　スライドの表示モード②

10.2　スライドのデザイン

(1) レイアウトの変更

　プレースホルダの配置など，レアウトを変えるには，変えたいスライドを選択しておき，[ホーム] タブ-[スライド] グループ-[**レイアウト**] ▼ボタンをクリックして，表示された一覧から適用したいレイアウトを選択する．

(2) テンプレート

　テンプレートとは，スライドの配色や書式があらかじめ設定されている雛形のことで，スタート画面で一覧から選ぶか，一覧にない場合はインターネットからダウンロードして使用するが，「新しいプレゼンテーション」で始めた場合，後から適用することになる．

　適用するには，[デザイン] タブ-[テーマ] のテンプレートの一覧をクリックする（**図10.5**）．その際，そのままクリックすると，そのデザインがすべてのスライドに適用されるが，右クリックすると，[**すべてに適用**] するか，[**選択したスライドに適用**] するかを選択できる．

　デザインテンプレートは変えずに，配色だけを変更したいときには，同じ [デザイン] タブの [**バリエーション**] から，適用したい配色を選択する．

図 10.5　［デザイン］タブ

（3）スライドマスター（編集の効率化）

スライドマスターとは，**テンプレートのデザインを設定するスライド**であり，スライドマスターで設定・変更した書式やデザインは，同じテンプレートのスライドすべてに適用され，編集の効率化に役立つ．スライドマスターを表示させるには，［表示］タブ–［マスター表示］グループ–［スライドマスター］ボタンをクリックする．

スライドマスターは，使用しているテンプレートごとに，基本のマスターと各レイアウトのスライドのマスターが画面左に一覧表示される．一覧の中から，書式を設定したいスライドマスターを選択して，右の編集画面で箇条書きの行頭記号や段落番号，行間隔，フォントなどの書式設定，フッターの書式や配置の変更などを行う．すべてのスライドに表示させたいロゴなどもマスターに配置する．

スライドマスターを閉じて，スライド作成画面に戻るには，［スライドマスター］タブ–［閉じる］グループ–［マスター表示を閉じる］ボタンをクリックする．

10.3　画面切り替え効果

スライドが切り替わるときの効果を**画面切り替え効果**という．設定したいスライドを表示させておき，［画面切り替え］タブ–［画面切り替え］グループの一覧から効果の種類を選択して設定する．次に［画面切り替え］タブ–［タイミング］グループで［**自動的に切り替え**］にチェックを入れると一定時間で自動的にスライドが切り替わる．［**すべてに適用**］をクリックすると，設定した効果がすべて

設定した効果をすべてのスライドに適用する

効果を選択　　効果の方向などを設定　　自動的に切り替わる設定

図 10.6　［画面切り替え］タブ

のスライドに適用され（**図10.6**），設定を解除するには画面の切り替えグループから［なし］を選択し，［すべてに適用］をクリックすればよい。

10.4 アニメーション

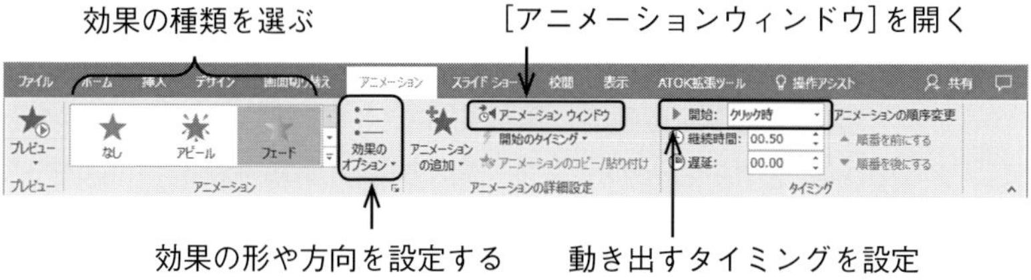

効果の種類を選ぶ　　　　　　　　　　　［アニメーションウィンドウ］を開く

効果の形や方向を設定する　　動き出すタイミングを設定

図10.7 ［アニメーション］タブ

スライド上の個々の要素を表示するときの効果を**アニメーション**という。設定するには，効果を付けたい要素を選択しておいてから，［アニメーション］タブ-［アニメーション］グループから選択するか，［アニメーションの詳細設定］グループ-[**アニメーションの追加**]から効果を選択する。表示するときの効果は[**開始**]から，表示後の強調は[**強調**]から，表示した後その要素を消したい場合は[**終了**]から選ぶ。一つひとつの要素について設定していく。アニメーションが設定されていない要素は，はじめから最後まで表示されたままの状態になる。

図10.8 アニメーションウィンドウ

簡単な効果の変更・調整は，［アニメーション］グループや［タイミング］グループで行えるが，詳細な設定をする場合は，［アニメーションの詳細設定］-［アニメーションウィンドウ］をクリックして［アニメーションウィンドウ］を表示させて行う（**図10.7，10.8**）。アニメーションウィンドウの中から変更したいアニメーション効果を選択して，右端の▼をクリックする。メニューから［効果のオプション］または［タイミング］を選択して，現れたダイアログで詳細設定を行

う.

　アニメーションは設定した順に実行されていく．順序の変更は，変更したい効果を選択しておき，［タイミング］グループ–［アニメーションの順序変更］欄，あるいはアニメーションウィンドウの「▲▼」ボタンで行う.

10.5　リハーサル

　リハーサルを行いながら，自動的に画面切り替えや，アニメーションの表示のタイミングなどを設定することができる．［スライドショー］タブ–［設定］グループ–［リハーサル］ボタンをクリックし，開始されたら，プレゼンテーションの本番を想定してリハーサルを行い，マウスをクリックして，スライドを次に進めたり，アニメーションを表示させたりしていく（**図 10.9**）．そのタイミングがすべて自動で記録されていく．終了したら，「スライド一覧モード」で各スライドに割り当てられた時間を確認する．次にスライドショーを実行すれば，設定したタイミングですべてが自動再生されるようになる.

開始するスライドの選択　リハーサルの開始

図 10.9　リハーサルとスライドショー

10.6　スライドショーの実行

　スライドショーを実行するには，F5 を押すか、［スライドショー］タブ–［スライドショーの開始］グループにある［最初から］あるいは［現在のスライドから］のボタンをクリックする.

　実行中は，画面切り替えやアニメーションが自動的に実行される設定がしてあれば何もしなくても進んでいくので，プレゼンテーションの本番では画面の進行に合わせて発表すればよい．その設定がない場合には，マウスをクリックしながら発表に合わせて画面を進めていくことになる．また，スライドショー画面はパソコンのフルスクリーンで実行されるが，［表示］タブ，あるいはステータスバーの［閲覧表示］を表示すれば，ウィンドウ内で表示させることができる.

11章
データ処理の実践

　データサイエンスではビッグデータをはじめとしたデータを利用して解析する．解析ツールには，様々なソフトがあり，高度なプログラミングを必要とするものから，単純な操作で解析可能なものまである．この章では，表計算ソフトを用いたデータ処理の基礎について学ぶ．データ分析の初期段階で表計算ソフトを用いることは，ほかのツール利用の知見を得るのにも有用である．

11.1 Excel 操作の基本

　表計算とは，表の中に数値や式を書き入れることで計算したり，グラフを表示したりするソフトウェアで，**スプレッドシート**（spread sheet）とも呼ばれる．代表的な表計算ソフトが Microsoft 社の Excel である．

　罫線を引いて整形する帳票作成機能，関数を使って様々な問題解決をする計算機能，データを蓄積して必要な条件で検索するデータベース機能，データを解析する統計処理機能などが主な機能だが，工夫次第では，いろいろな作業に使うことができる．会社では見積書，請求書を作成したり，大学では分析してグラフを表示したり，家庭では住所録，家計簿をつけたりと，様々な用途に利用可能なソフトウェアである．本節では，簡単な例題を用いて，Excel で何ができるかのイメージをつかむ．

（1）各部の名称

　Excel 起動時に現れる画面の基本的な名称を**図 11.1** に示す．中央にあるマス目の並んだ表のことを計算用紙（シート）に見立てて**ワークシート**という．**タブ**とはメニューの大分類を表し，タブ選択で現れるメニュー領域を**リボン**という．リボンには，**グループ**ごとに整理されたアイコンが並ぶ．

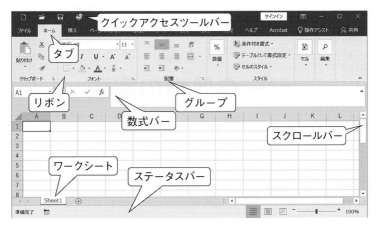

図 11.1　Excel 画面の名称

　文字や数式を入力する単位となるマス目一つのことを**セル**という．各セルには，A，B，C…という列番号と，1，2，3…という行番号があり，その組合せがセル番号となる．たとえば，B 列，3 行のマス目を「セル B3」という（**図 11.2**）．

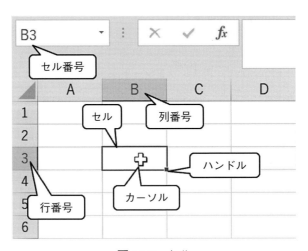

図 11.2　セル

(2) 文字の入力

　文字や数式を入力する対象となる選択範囲を**アクティブセル**といい，選択範囲は太線枠で囲まれる．アクティブセルは，マウスクリックで直接指定することができる．また，**図 11.3** に示すとおり，マウス操作以外にも [Tab] キーで右に，

Enter キーで下にアクティブセルを動かすことができる．Shift + Tab では左に，Shift + Enter では上にカーソルが動く．空いたセルにデータを連続して操作するときには Tab や Enter を活用すると効率的に入力できる．

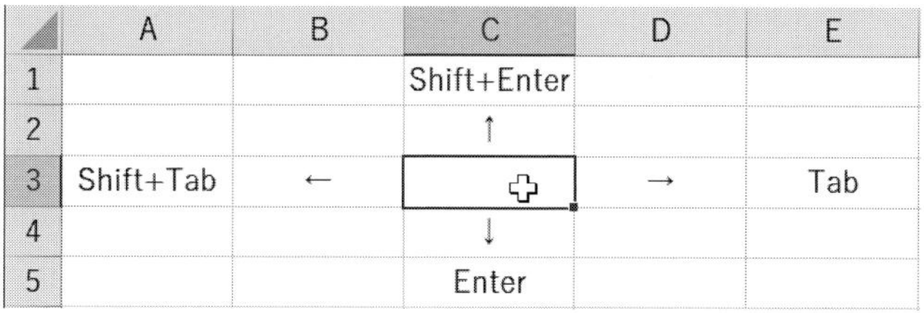

図 11.3 カーソルの移動

　文字入力の練習として，セル A4 から A7 までに，**図 11.4** のような都市の名前を入力する．要領はワープロと同じだが，Excel では起動時点で半角英数モードになっているので，Alt + 半角/全角 で日本語入力モードに切り替える必要がある．セル A4 の入力が終わったら，Enter キーでセル A5 の入力に移り，A6，A7 と入力を続ける．

図 11.4 文字入力

(3) セルの選択

　入力した文字の移動，コピー，削除などの操作は，選択した範囲に対して適用される．範囲選択の方法は，通常，セルの中心でマウス左ボタンをクリックしたまま範囲を広げる．このときに，カーソルの形状が ✚ になっていることを確認する．カーソル形状が ✥ や ✚ のときには動作が異なるので常にカーソル形状を意識する必要がある．カーソル形状が ✚ のときにマウスの左ボタンを押したまま移動（ドラッグ）させると**図 11.5** のように選択範囲を拡大・縮小することができる．

　行全体，列全体を選択する場合には，**図 11.6** のように行番号，列番号で左ボタンを押して選択する．このとき，カーソル形状は「→」「↓」となる．

　図 11.7 のように，左上の部分をクリックすると，セル全体を選択することができる．

図 11.5 セルの選択と拡大

図 11.6　列単位の選択　　　　**図 11.7**　全範囲の選択

(4) コピー

　セル B3 から G3 までの「1 月」から「6 月」までの月を入力するが, ここでは一つずつ入力するのではなく, コピー操作を利用する. まず, セル B3 で「1 月」と入力する. 次に, セルの右下にある小さな黒い四角「■」(**ハンドル**と呼ぶ) の上にカーソルを移動させ, カーソル形状が「╋」になったことを確認したらクリックし, マウスボタンを押したままセル G3 まで移動させる. すると, **図 11.8** のように自動的に判断して 1 月から 6 月までの月が表示される. このように, セルの内容を自動的に判断して補間する機能を**オートフィル**という. このほかにも, 「月」をコピーすると「火」,「水」,「木」, …と変化する. また, 並んだ二つのセルに「1」,「2」が入力されているときに, この二つのセルを選んでからコピーすると 1, 2, 3, 4, …になり,「1」,「3」が入力されていると, 1, 3, 5, 7, …になる*.

図 11.8　オートフィル

(5) 関　数

　セル B4 から G7 までに, **図 11.9** のような各都市の 1 月から 6 月までの売り上

＊Ctrl キーを押しながらコピーすると, 元の内容を変化させずにコピーできる.

げデータを入力する．数字の入力では半角英数モードを使用する．

	A	B	C	D	E	F	G
1							
2							
3		1月	2月	3月	4月	5月	6月
4	東京	135.6	107.1	131.9	121.9	122.3	126.1
5	大阪	68.3	54.6	64.8	58.3	59.6	58.1
6	名古屋	34.4	25.2	33.4	28.2	29.3	29.4
7	横浜	30.8	24.4	30.6	27.6	28.3	29.8

図 11.9 売り上げデータ

図 **11.10** のように，セル A8 に日本語モードで「合計」と入力した後，セル B8 を選択して半角英数モードで「ホーム」タブの「編集」グループで「Σ（合計）」ボタンをクリックする．このとき，数式バーには「=SUM(B4：B7)」と表示される．これは，セル B4 から B7 までの合計（summation）を求める **Sum 関数**を使うということを意味する．Sum 関数のように，ある機能のまとまりのことを**関数**といい，関数のかっこ「（ ）」の中の数式のことを**引数**（ひきすう）という．

図 11.10 合計

合計の範囲が正しいことを確認したら Enter キーを押すと，**図11.11**のように合計が計算できる．セル B8 の右下の四角いハンドル「■」を G8 までドラッグすることで，オートフィルにより月ごとの売り上げ合計が求まる．コピーした C8，D8 を選択すると，数式バーの中では，Sum 関数の引数が，それぞれ「C4：C7」，「D4：D7」という範囲に変更されているのがわかる．

図 **11.12** のように，セル A9 に日本語入力モードで「平均」と入力する．セル

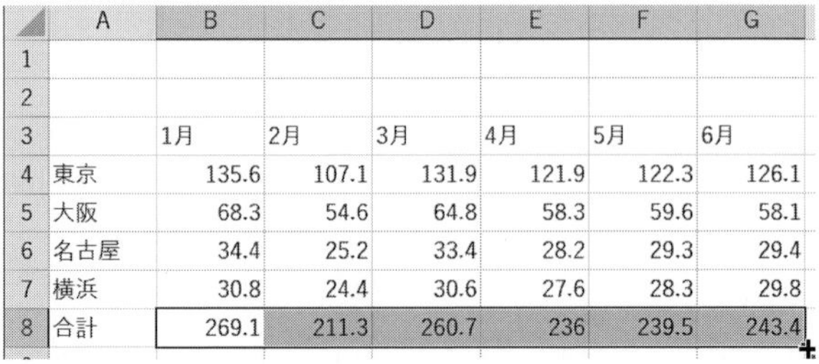

	A	B	C	D	E	F	G
1							
2							
3		1月	2月	3月	4月	5月	6月
4	東京	135.6	107.1	131.9	121.9	122.3	126.1
5	大阪	68.3	54.6	64.8	58.3	59.6	58.1
6	名古屋	34.4	25.2	33.4	28.2	29.3	29.4
7	横浜	30.8	24.4	30.6	27.6	28.3	29.8
8	合計	269.1	211.3	260.7	236	239.5	243.4

図 11.11　月ごとの合計

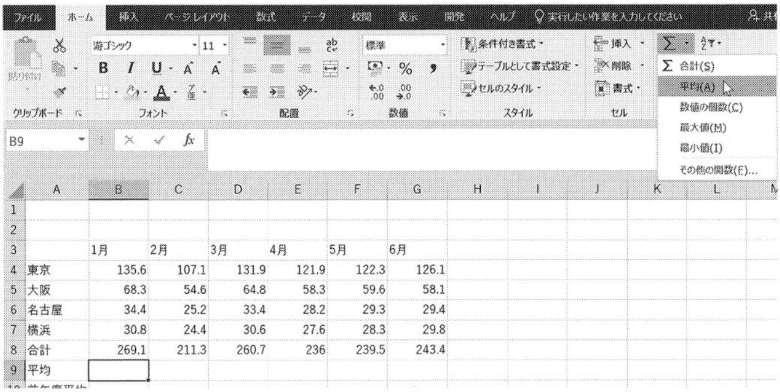

	A	B	C	D	E	F	G
1							
2							
3		1月	2月	3月	4月	5月	6月
4	東京	135.6	107.1	131.9	121.9	122.3	126.1
5	大阪	68.3	54.6	64.8	58.3	59.6	58.1
6	名古屋	34.4	25.2	33.4	28.2	29.3	29.4
7	横浜	30.8	24.4	30.6	27.6	28.3	29.8
8	合計	269.1	211.3	260.7	236	239.5	243.4
9	平均						

図 11.12　平均

B9 を選択した後,「Σ」アイコンの右にある,「▼」をクリックし*,「平均（A)」を選ぶ．これは，**Average 関数**で平均を計算することを意味する．

このままでは，平均を計算する範囲が「B4：B8」となり,「合計」まで含んでしまう．正しい範囲を指定するために，**図 11.13** のようにセル B4 の中心でクリックしてから B7 までをドラッグして選択する．正しい範囲である「=AVERAGE(B4：B7)」と指定できたら Enter キーを押して確定する．

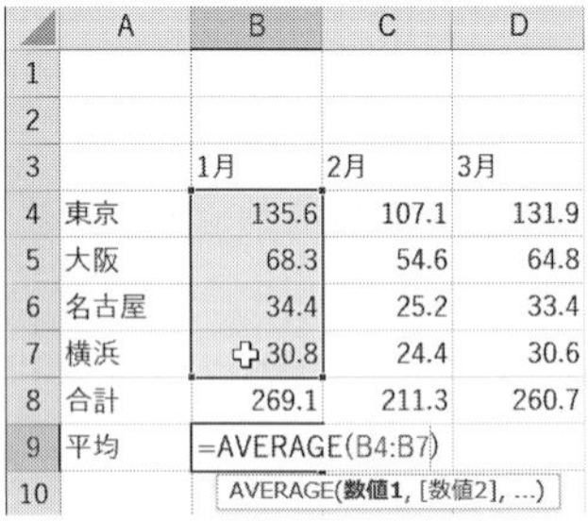

	A	B	C	D
1				
2				
3		1月	2月	3月
4	東京	135.6	107.1	131.9
5	大阪	68.3	54.6	64.8
6	名古屋	34.4	25.2	33.4
7	横浜	30.8	24.4	30.6
8	合計	269.1	211.3	260.7
9	平均	=AVERAGE(B4:B7)		
10		AVERAGE(数値1, [数値2], ...)		

図 11.13　平均する範囲の変更

セル B9 を G9 までコピーすると，**図 11.14** のようにオートフィルで月ごとの平均が計算できる．

＊アイコンの右の「▼」は，選択できるサブメニューが存在することを表す．

	A	B	C	D	E	F	G
1							
2							
3		1月	2月	3月	4月	5月	6月
4	東京	135.6	107.1	131.9	121.9	122.3	126.1
5	大阪	68.3	54.6	64.8	58.3	59.6	58.1
6	名古屋	34.4	25.2	33.4	28.2	29.3	29.4
7	横浜	30.8	24.4	30.6	27.6	28.3	29.8
8	合計	269.1	211.3	260.7	236	239.5	243.4
9	平均	67.275	52.825	65.175	59	59.875	60.85

図 11.14 平均の結果

(6) 式の計算

前年度の売上平均に対する今年度の売上平均である平均売上額の対前年度比を計算する．**図 11.15** のように，セル A10 に日本語モードで「前年度平均」，セル A11 に「対前年度比」と入力し，セル B10 から G10 に半角英数モードで前年度の売上平均データを入力する．

	A	B	C	D	E	F	G
1							
2							
3		1月	2月	3月	4月	5月	6月
4	東京	135.6	107.1	131.9	121.9	122.3	126.1
5	大阪	68.3	54.6	64.8	58.3	59.6	58.1
6	名古屋	34.4	25.2	33.4	28.2	29.3	29.4
7	横浜	30.8	24.4	30.6	27.6	28.3	29.8
8	合計	269.1	211.3	260.7	236	239.5	243.4
9	平均	67.275	52.825	65.175	59	59.875	60.85
10	前年度平均	73.4	57.4	69	63	61.9	65.9
11	対前年度比	=B9/B10					

図 11.15 対前年度比

ここで，対前年度比を求めるためにセル B11 で「(平均)÷(前年度平均)」を計算するが，キーボードには「÷」という記号はないので「÷」の代わりに「／」（**スラッシュ**）を使い，「=(平均)／(前年度平均)」のように記述する．単純な文字列と区別するために式の先頭には「=」を入力する必要がある．したがって，セル B11 は図 11.15 のように「=B9／B10」となる*．この式はセル B9 の内容（今年度の平均）である「67.275」を，セル B10 の数字（前年度の平均）である

＊ 「B9」「B10」と書く代わりに，マウスで対象のセルをクリックして入力することもできる．この方法のほうが，指定の間違いを減らすことができる．

「73.4」で割った結果を表示することを意味する．Bは大文字でも小文字でもかまわないが，半角英数モードを使用する．

　セル B11 を G11 までコピーするとオートフィルで対前年度比が計算される．C11, D11，…のセルを選択すると，セルの計算式はそれぞれ「=C9／C10」「=D9／D10」…と修正されているのがわかる．

　このような書き方で，四則演算，およびかっこを組み合わせた一般的な数式を計算できる．べき乗の式には「^」を使い，たとえば，2^3 は「=2^3」と書く．計算順序は，プログラムと同様に，「かっこ」「べき」「かける・わる」「たす・ひく」の順になる．

　なお，セルに「######」が表示される場合は，セルの幅が足りないことを表し，列の幅を調整する必要がある．図 **11.16** のように，列番号の境界部分にマウスを移動し，カーソルの形が ✛ になったところで

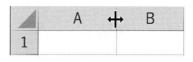

図 11.16　列幅の変更

ドラッグして幅を広げることができる．また，セルの列番号を選択し，「ホーム」タブの「セル」グループで「書式」を選び，メニューの「列の幅の自動調整（I）」を選べば自動的に幅が計算される．

(7) 書式設定

　図 **11.17** のように，セル A3 から G11 を選択して，「ホーム」タブの「配置」グループにある「中央揃え」をクリックすることで，セルの左右の空白が均等になるように中央にそろえることができる．

　図 **11.18** のように，セル B4 から G10 を選択し，「ホーム」タブの「数値」グループで「小数点以下の表示桁数を減らす」「小数点以下の表示桁数を増やす」を1回ずつクリックすることで，小数点以下1桁に揃えることができる．ただし，表示が変わるだけなので，セルの値自体は変化しない．

　図 **11.19** のように，セル B11 から G11 を選択した後に，「ホーム」タブの「数値」グループから「パーセントスタイル」を表す「%」アイコンをクリックすることで選択されたセルがパーセント表記となる．

(8) 罫　線

　ワークシートの画面上では，セルの周囲に薄い色で枠線が表示されているが，プリンタで印刷するときに枠線は表示されない*．印刷時に枠を表示するためには**罫線**（けいせん）を設定する．図 **11.20** のように，セル A3 から G11 の範囲を

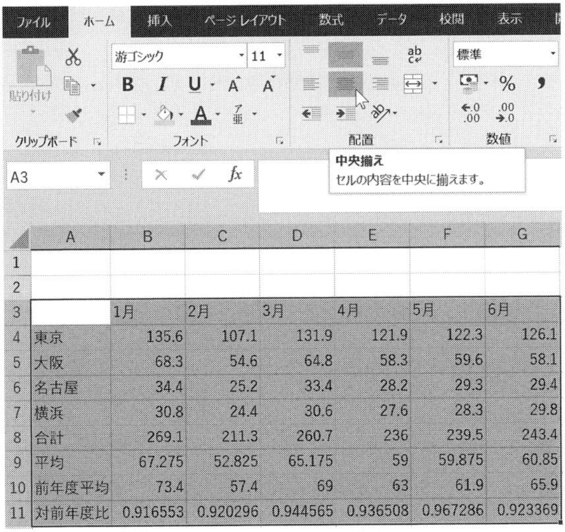

図 11.17　中央揃え

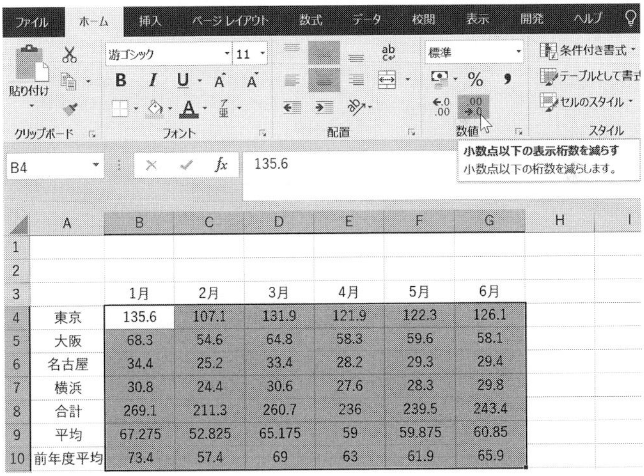

図 11.18　小数点以下の桁数

＊文字や数字の範囲全体の罫線を印刷に反映させるだけであれば，「ページレイアウト」タブの
「シートのオプション」で「枠線」の「印刷」オプションで指定することもできる．

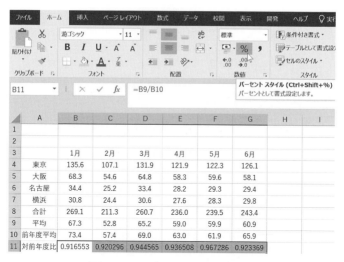

図 **11.19**　パーセントスタイル

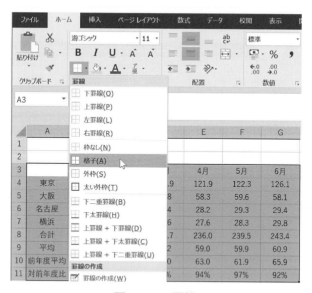

図 **11.20**　罫線

選択したら，「ホーム」タブの「フォント」グループで「罫線」の右の「▼」をク
リックし，「格子（A）」を選ぶことで範囲全体に格子上の罫線が設定される．

(9) グラフ表示

図 **11.21** のように，セル A3 から G7 を選択し，「挿入」タブの「グラフ」グループで「折れ線」をクリックし，「マーカー付き折れ線」を選んでグラフを表示させることができる．データ分析で最初に必要なのはデータの性質を把握することであり，折れ線グラフ，棒グラフ，円グラフなどは直感的理解に有効である．

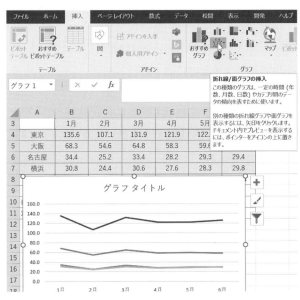

図 **11.21**　折れ線グラフ

11.2　グラフ作成

◤11.2.1　折れ線グラフ

課 題

図 **11.22** に示す国際収支の表*から折れ線グラフを作成しなさい．

単位(千億円)

年度	輸出額	輸入額
2010	674	608
2011	655	681
2012	637	707
2013	698	812
2014	730	859
2015	756	784
2016	700	660
2017	782	754
2018	815	827
2019	769	786

図 **11.22**　国際収支

＊財務省貿易統計「最近の輸出入動向」2021 年．
（https ://www.customs.go.jp/toukei/suii/html/time_latest.htm）

散布図，軸の書式設定

解説

Excelで表現できるグラフには様々な種類があり，おおむね以下のような特徴をもつので，適切なグラフを選択する必要がある．

●棒グラフ：データを比較するのに適する
●折れ線グラフ：経過を表現するのに適する
●円グラフ：内訳を表現するのに適する
●散布図：相関を示すのに適する

この課題は本来折れ線グラフを利用すべきであるが，年度と収支の関係を簡単な操作で表現し，不均等な年次でも扱えるようにするために，ここでは**散布図**を利用する．

解法

図11.23 に示すように，セルA3からC13に，各年度の輸出額，輸入額を入力する．

図11.24 のように，セルA3からC13を選択した後，「挿入」タブの「グラフ」グループで「散布図」を選び，「散布図（直線とマーカー）」をクリックする．この操作で，**図11.25** のような標準のグラフが作成される．

縦軸，横軸にラベルとグラフのタイトルを入力するために，**図11.26** のように，「デザイン」タブの「グ

	A	B	C
1	国際収支		
2			単位(千億円)
3	年度	輸出額	輸入額
4	2010	674	608
5	2011	655	681
6	2012	637	707
7	2013	698	812
8	2014	730	859
9	2015	756	784
10	2016	700	660
11	2017	782	754
12	2018	815	827
13	2019	769	786

図11.23 国際収支のデータ

ラフのレイアウト」グループで「クイックレイアウト」「レイアウト1」を選ぶ．「グラフタイトル」「軸ラベル」と書かれているところをクリックした後，それぞれ「国際収支」「金額（千億円）」「年度」と置き換える．

軸の数値範囲は自動で決まるが，この範囲が適切でないときには手動で範囲を修正する．横軸の範囲を変更するために，**図11.27** のように，横軸の年度の数字をクリックして選択し，右クリックでメニューを表示させて「軸の書式設定（F）…」を選ぶ．「軸の書式設定」ウィンドウで「最小値」「最大値」「単位／主」の数字をそれぞれ「2010」「2019」「1」と入力する．これで，横軸の範囲が2010年度

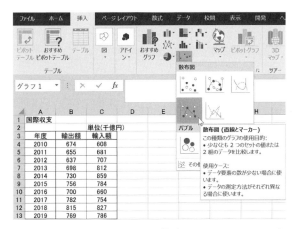

図 **11.24**　散布図

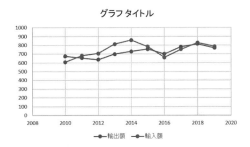

図 **11.25**　標準グラフ

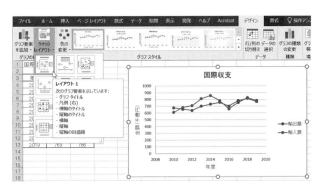

図 **11.26**　デザインの変更

から 2019 年度に 1 年おきに設定される.

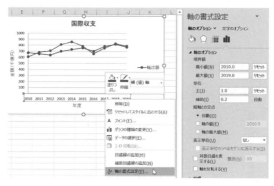

図 11.27　横軸の書式設定

図 11.28 のように, 横軸の年度の数字を選択し, 右クリックでメニューを表示させて「補助目盛線の追加 (N)」を選ぶと軸線が表示される.

縦軸に関しても同様に図 11.29 のように, 「最小値」「最大値」「単位／主」をそれぞれ「500」「900」「50」に設定する.

グラフは白黒印刷されて使われることが多いことを考慮し, 白黒でもグラフの違いがわかる

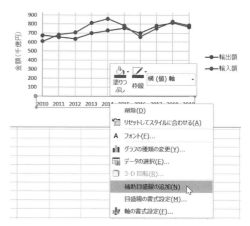

図 11.28　目盛線の追加

ようにするために実線を点線に変更する. 図 11.30 のように, 輸出額のグラフの折れ線を選択して右クリックのメニューから「データ系列の書式設定 (F)」を選び, オプションウィンドウの「実線／点線 (D)」から「点線」を選ぶ.

さらに, 図 11.31 のように, 「マーカー」から「マーカーのオプション」「組み込み」を選び, 「種類」として「■」を選択することでマーカーも変更する.

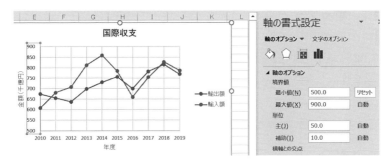

図 11.29 縦軸の書式設定

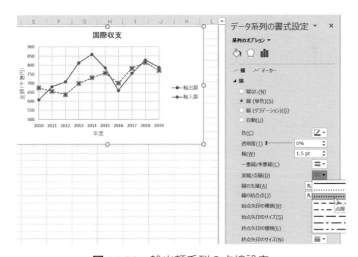

図 11.30 輸出額系列の点線設定

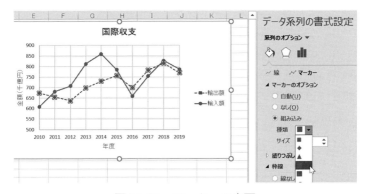

図 11.31 マーカーの変更

◣11.2.2 複合グラフ

課 題

図 **11.32** に示す主要輸出品の表*から総額と対前年比を求め，図 **11.33** のようなグラフを作成しなさい.

（単位 億円）

	2014年	2015年	2016年	2017年	2018年	2019年
自動車	109.2	120.5	113.3	118.2	123.0	119.7
半導体	36.9	39.1	36.1	40.2	41.5	40.1
鉄鋼	39.6	36.7	28.4	32.8	34.4	30.7
自動車部品	34.8	34.8	34.6	39.0	39.9	36.0
原動機	25.4	25.9	24.2	27.5	29.5	27.3
その他	485.0	499.1	463.8	525.2	546.5	515.5

図 **11.32** 主要輸出品の推移

ポイント

複合グラフ，第 2 軸，データの選択

解 説

一つのグラフに多くの情報量を盛り込む必要がある場合，単位の異なる二つのことを表現し

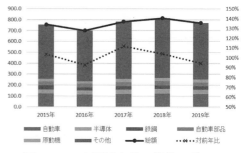

図 **11.33** 主要輸出品の推移のグラフ

なくてはならない場合がある．このときに使われるのが**複合グラフ**である．ここでは，金額と比という二つの軸を複合グラフで表す.

解 法

図 **11.34** のように，主要輸出品の年度ごとのデータと項目を入力する.

図 **11.35** のように，セル B10 を選択した後，「ホーム」タブの「編集」グループで「Σ（合計）」をクリックし，Sum 関数を用いてセル B4 から B9 の合計を計算する.

---

*財務省貿易統計「最近の輸出入動向」2021 年.

　（https://www.customs.go.jp/toukei/suii/html/time_latest.htm）

	A	B	C	D	E	F	G	H
1	主要輸出品の推移							
2							(単位 億円)	
3		2014年	2015年	2016年	2017年	2018年	2019年	
4	自動車	109.2	120.5	113.3	118.2	123.0	119.7	
5	半導体	36.9	39.1	36.1	40.2	41.5	40.1	
6	鉄鋼	39.6	36.7	28.4	32.8	34.4	30.7	
7	自動車部品	34.8	34.8	34.6	39.0	39.9	36.0	
8	原動機	25.4	25.9	24.2	27.5	29.5	27.3	
9	その他	485.0	499.1	463.8	525.2	546.5	515.5	
10	総額							
11	対前年比							

図 11.34 主要輸出品のデータ

図 11.35 総額

	A	B	C	D	E	F	G	
1	主要輸出品の推移							
2							(単位 億円)	
3		2014年	2015年	2016年	2017年	2018年	2019年	
4	自動車	109.2	120.5	113.3	118.2	123.0	119.7	
5	半導体	36.9	39.1	36.1	40.2	41.5	40.1	
6	鉄鋼	39.6	36.7	28.4	32.8	34.4	30.7	
7	自動車部品	34.8	34.8	34.6	39.0	39.9	36.0	
8	原動機	25.4	25.9	24.2	27.5	29.5	27.3	
9	その他	485.0	499.1	463.8	525.2	546.5	515.5	
10	総額	730.9	756.1	700.4	782.9	814.8	769.3	
11	対前年比							

図 11.36 総額のコピー

図 11.36 のように，セル B10 を G10 までオートフィルでコピーして，各年度の輸出額の総額を計算する．

総額の対前年比を計算するために，**図 11.37** のように，セル C11 に 2015 年度の総額を 2014 年度の総額で割った値を計算する「=C10／B10」という式を入力する．なお，2014 年度については，前年度の総額がないので空白とする．

セル C11 を G11 までオートフィルでコピーして各年度の対前年比を求める．セル C11 から G11 までは，パーセントの単位で表示するために，「ホーム」タブの「数値」グループで「パーセントスタイル」にする．

	A	B	C	D	E	F	G	H
1	主要輸出品の推移							
2							(単位 億円)	
3		2014年	2015年	2016年	2017年	2018年	2019年	
4	自動車	109.2	120.5	113.3	118.2	123.0	119.7	
5	半導体	36.9	39.1	36.1	40.2	41.5	40.1	
6	鉄鋼	39.6	36.7	28.4	32.8	34.4	30.7	
7	自動車部品	34.8	34.8	34.6	39.0	39.9	36.0	
8	原動機	25.4	25.9	24.2	27.5	29.5	27.3	
9	その他	485.0	499.1	463.8	525.2	546.5	515.5	
10	総額	730.9	756.1	700.4	782.9	814.8	769.3	
11	対前年比		=C10/B10					

図 11.37　対前年比

棒グラフを作成するために，**図 11.38** のように，セル A3 から G11 を選択した後，「挿入」タブの「グラフ」グループで「積み上げ縦棒」を選択する．

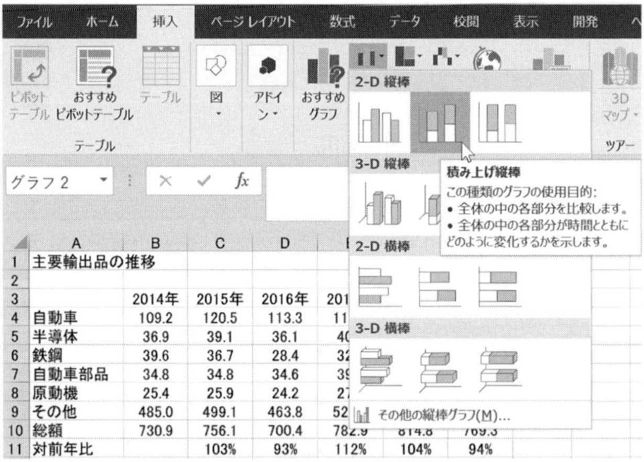

図 11.38　積み上げ縦棒グラフ

この段階では 2014 年度のデータを含む輸出品のグラフが生成されるが，正しいグラフとするために，**図 11.39** のように，「デザイン」タブの「データ」グループで「データの選択」をクリックする．

2014 年度のデータは不要なので，**図 11.40** のように，「凡例項目（系列）(S)」の「2014 年」を削除したうえで，「行/列の切り替え (W)」ボタンをクリックする．

これで，2014年度からの棒グラフができるが，総額まで積み上げられているために内容を把握しにくい．また，対前年比という単位の異なるデータが「金額」の単位の棒グラフに表示されてしまう．そこで，総額と対前年比についてはグラフの種類を折れ線に変更する．図 11.41 のように，棒グラフを選択し右クリックで「系列グラフの種類の変更(Y)」を選択する．

図 11.42 のように，「総額」と「対前年比」のグラフの種類を「マーカー付き折れ線」とし，「対前年比」の「第2軸」をチェックする．

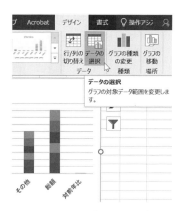

図 11.39　データの選択

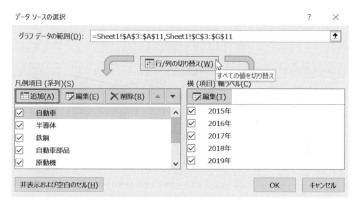

図 11.40　2014 年データの削除と行/列の切り替え

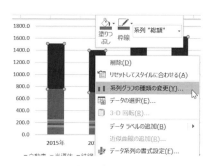

図 11.41　系列グラフの種類の変更

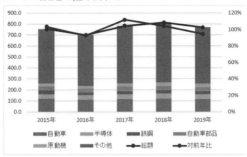

図 11.42　折れ線グラフへの変更

　第 2 軸の目盛りの「最小値」「最大値」「単位/軸」をそれぞれ「0.5」「1.5」「0.1」の書式に設定し，対前年比のグラフを「点線」でマーカーを「×」として，**図 11.43** のようにグラフを完成させる．

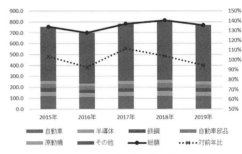

図 11.43　完成したグラフ

11.3　数式の計算

11.3.1　複利計算

課題

　元金 100 万円を引き出すことなく年利 0.1 %（1 年複利）で 10 年間預けたときの残高を計算しなさい．ただし，税率は 20 %とする．

ポイント

　絶対参照，相対参照

解 説

　1年複利とは，1年単位で預けた金額と，得られた利息の合計に対して利息が付くことを意味する．ここでは，年度ごとの変化を見ることとし，オートフィルの対象を明示的に指定する方法について学習する．

解 法

　図 11.44 のように，初期値を入力する．「利率」や「税率」は，式の中に直接記述するのではなく，後で値を変えられるようにセルのデータとして与える．セル B5 から D15 は，「ホーム」タブの「数値」グループで「通貨表示形式」を，セル D1，D2 は，「ホーム」タブの「数値」グループで「パーセントスタイル」を指定する．

▲	A	B	C	D
1			利率	0.1%
2			税率	20%
3				
4		残高	年間利息	税引後の利息
5	0年目	¥1,000,000		
6	1年目			
7	2年目			
8	3年目			
9	4年目			
10	5年目			
11	6年目			
12	7年目			
13	8年目			
14	9年目			
15	10年目			

図 11.44　初期残高の設定

　「利息」は，「残高」に「利率」をかけたものなので，通常ならばセル C6 は「=D1*B5」という記述になる．しかし，2年目以降で計算するために下にコピーするとオートフィル機能により「=D2*B6」「=D3*B7」「=D4*B8」…と「利率」を表すセル D1 まで変化して変わってしまい正しい解が得られない．そこで，オートフィルの影響を受けない範囲を明示的に指定する．行番号，列番号，セル番号を変化させないように参照することを**絶対参照**という．絶対参照には「$」の記号を用い，「$」がついた行番号，または列番号を変化させないことを指定する．ここでは，**図 11.45** のように，セル C6 は，「D1」の「D」と「1」の間に「$」を入れて，「=D$1*B5」と記載する．この指定により，セル C6 を下にコピーしたときに「=D$1*B6」「=D$1*B7」「=D$1*B8」…と変化するようになり，セル D1 の参照は変わらない．なお，B 列のようにコピー操作に応じて変化することを**相対参照**という．

図 11.45　利息

「残高」は，前年の「残高」と「税引後の利息」の合計なので，セル B6 は
「=B5+D5」となる（**図 11.46**）．

図 11.46　1 年目の残高

「税引後の利息」は，元の「利息」の 80 ％になる．税率は百分率で表されてい
るので税引後の利息は「1 −（税率）」をかけることになる．このため，セル D6 は
「=(1 − D2)*(B6 − C5)」となるが，絶対参照を考慮して**図 11.47** のようにセル D6
に「=(1 − D\$2)*(B6 − B\$5)」と入力する．

図 11.47　税引後の利息

セル B6 から D6 を選択し，15 行目までコピーすると，**図 11.48** のように 10 年
目の残高が求まる．

◤11.3.2　損益分岐点

課題

飲食店において，毎月の固定費用として，人件費が 50 万円，家賃賃料が 40 万
円，光熱費が 20 万円かかり，変動費用として客 1 人につき材料費が 1,000 円かか
るものとする．客 1 人あたりの売り上げを 3,500 円とすると，損益分岐点となる
のは，1 日あたりの客数が何人のときか．ただし，1 月あたりの営業日数を 20 日

	A	B	C	D
1			利率	0.1%
2			税率	20%
3				
4		残高	年間利息	税引後の利息
5	0年目	¥1,000,000		
6	1年目	¥1,001,000	¥1,000	¥800
7	2年目	¥1,002,001	¥1,001	¥1,601
8	3年目	¥1,003,003	¥1,002	¥2,402
9	4年目	¥1,004,006	¥1,003	¥3,205
10	5年目	¥1,005,010	¥1,004	¥4,008
11	6年目	¥1,006,015	¥1,005	¥4,812
12	7年目	¥1,007,021	¥1,006	¥5,617
13	8年目	¥1,008,028	¥1,007	¥6,422
14	9年目	¥1,009,036	¥1,008	¥7,229
15	10年目	¥1,010,045	¥1,009	¥8,036

図 **11.48** 各年度の計算結果

とする.

ポイント

1 次関数, 損益分岐点

解説

　固定費用とは, 客数に関係なく一定でかかる費用であり, **変動費用**とは, 客数に応じて変化する費用のことである. **損益分岐点**とは, 収入と支出が一致する場合で, これよりも収入が多ければ黒字に, 少なければ赤字になるという分かれ目である. この課題では, 収入も費用も 1 次関数で表され, 損益分岐点はこれらの交点となる.

解法

　図 11.49 のように, 各項目と, 固定費を入力する. A 列の 1 日あたりの客数については何人が損益分岐点になるのかはまだわからないので, とりあえず 30 人分まで検討する.

　月あたりの「収入」は, 月ののべ客数に「客単価」をかけたものであり, 月ののべ客数は「1 日あたりの客数」に「営業日数」をかけたものである. このうち, 「客単価」と「営業日数」は常に同じデータを参照するので絶対参照を使う. 「収入」を計算するために, **図 11.50** のように, セル B9 には「=B$1*B$6*A9」と入力する.

161

	A	B	C	D	E	F
1	客単価	¥3,500				
2	客あたり材料費	¥1,000				
3	人件費	¥500,000				
4	家賃賃料	¥400,000				
5	光熱費	¥200,000				
6	月あたりの営業日数	20				
7						
8	1日あたり客数	収入	変動費用	固定費用	費用合計	収支
9	0					
10	1					
11	2					

図 11.49　費用データ

月あたりの「変動費用」は，月ののべ「客数」に「客あたり材料費」をかけたものであり，月ののべ「客数」は「1 日あたりの客数」に「営業日数」をかけたものである．このうち，「客あたり材料費」と「営業日数」は常に同じデータを参照するので絶対参照を使う．「変動費用」を計算するために，**図 11.51** のように，セル C9 には「=B$2*B$6*A9」と入力する．

	A	B	
1	客単価	¥3,500	
2	客あたり材料費	¥1,000	
3	人件費	¥500,000	
4	家賃賃料	¥400,000	
5	光熱費	¥200,000	
6	月あたりの営業日数	20	
7			
8	1日あたり客数	収入	変
9	0	=B$1*B$6*A9	

図 11.50　収入

	A	B	C	
1	客単価	¥3,500		
2	客あたり材料費	¥1,000		
3	人件費	¥500,000		
4	家賃賃料	¥400,000		
5	光熱費	¥200,000		
6	月あたりの営業日数	20		
7				
8	1日あたり客数	収入	変動費用	固
9	0	¥0	=B$2*B$6*A9	

図 11.51　変動費用

「固定費用」は，「人件費」，「家賃賃料」，「光熱費」の和となる．「固定費用」を計算するために，**図 11.52** のように，セル D9 を選んだ後，「ホーム」タブの「編

集」グループで「Σ（合計）」ボタンをクリックし，セル B3 から B5 を選択する．
ただし，「人件費」「家賃賃料」「光熱費」については絶対参照するので，セル D9
の式「=SUM(B3：B5)」を「=SUM(B$3：B$5)」と手動で修正する．

	A	B	C	D	E
1	客単価	¥3,500			
2	客あたり材料費	¥1,000			
3	人件費	¥500,000			
4	家賃賃料	¥400,000			
5	光熱費	¥200,000			
6	月あたりの営業日数	20			
7					
8	1日あたり客数	収入	変動費用	固定費用	費用合計
9	0	¥0	¥0	=SUM(B$3:B$5)	

図 11.52　固定費用

「費用合計」は，「変動費用」と「固定費用」の和になるので，**図 11.53** のよう
に，セル E9 に「=C9+D9」と入力する．

	A	B	C	D	E
1	客単価	¥3,500			
2	客あたり材料費	¥1,000			
3	人件費	¥500,000			
4	家賃賃料	¥400,000			
5	光熱費	¥200,000			
6	月あたりの営業日数	20			
7					
8	1日あたり客数	収入	変動費用	固定費用	費用合計
9	0	¥0	¥0	¥1,100,000	=C9+D9

図 11.53　費用合計

「収支」は，「収入」から「費用合計」を引いたものなので，**図 11.54** のように，
セル F9 に「=B9−E9」と入力する．

	A	B	C	D	E	F
1	客単価	¥3,500				
2	客あたり材料費	¥1,000				
3	人件費	¥500,000				
4	家賃賃料	¥400,000				
5	光熱費	¥200,000				
6	月あたりの営業日数	20				
7						
8	1日あたり客数	収入	変動費用	固定費用	費用合計	収支
9	0	¥0	¥0	¥1,100,000	¥1,100,000	=B9−E9

図 11.54　収支

　図 **11.55** のように，セル B9 から F9 を選択したら，「1 日あたり客数」が定義
されている 30 人（39 行目）までをコピーする．「収支」が赤字から黒字に変わる
「1 日あたりの客数」である「22 人」が損益分岐点であることがわかる．

	A	B	C	D	E	F
8	1 日あたり客数	収入	変動費用	固定費用	費用合計	収支
9	0	¥0	¥0	¥1,100,000	¥1,100,000	¥-1,100,000
10	1	¥70,000	¥20,000	¥1,100,000	¥1,120,000	¥-1,050,000
11	2	¥140,000	¥40,000	¥1,100,000	¥1,140,000	¥-1,000,000
12	3	¥210,000	¥60,000	¥1,100,000	¥1,160,000	¥-950,000
13	4	¥280,000	¥80,000	¥1,100,000	¥1,180,000	¥-900,000
14	5	¥350,000	¥100,000	¥1,100,000	¥1,200,000	¥-850,000
15	6	¥420,000	¥120,000	¥1,100,000	¥1,220,000	¥-800,000
16	7	¥490,000	¥140,000	¥1,100,000	¥1,240,000	¥-750,000
17	8	¥560,000	¥160,000	¥1,100,000	¥1,260,000	¥-700,000
18	9	¥630,000	¥180,000	¥1,100,000	¥1,280,000	¥-650,000
19	10	¥700,000	¥200,000	¥1,100,000	¥1,300,000	¥-600,000
20	11	¥770,000	¥220,000	¥1,100,000	¥1,320,000	¥-550,000
21	12	¥840,000	¥240,000	¥1,100,000	¥1,340,000	¥-500,000
22	13	¥910,000	¥260,000	¥1,100,000	¥1,360,000	¥-450,000
23	14	¥980,000	¥280,000	¥1,100,000	¥1,380,000	¥-400,000
24	15	¥1,050,000	¥300,000	¥1,100,000	¥1,400,000	¥-350,000
25	16	¥1,120,000	¥320,000	¥1,100,000	¥1,420,000	¥-300,000
26	17	¥1,190,000	¥340,000	¥1,100,000	¥1,440,000	¥-250,000
27	18	¥1,260,000	¥360,000	¥1,100,000	¥1,460,000	¥-200,000
28	19	¥1,330,000	¥380,000	¥1,100,000	¥1,480,000	¥-150,000
29	20	¥1,400,000	¥400,000	¥1,100,000	¥1,500,000	¥-100,000
30	21	¥1,470,000	¥420,000	¥1,100,000	¥1,520,000	¥-50,000
31	22	¥1,540,000	¥440,000	¥1,100,000	¥1,540,000	¥0
32	23	¥1,610,000	¥460,000	¥1,100,000	¥1,560,000	¥50,000
33	24	¥1,680,000	¥480,000	¥1,100,000	¥1,580,000	¥100,000
34	25	¥1,750,000	¥500,000	¥1,100,000	¥1,600,000	¥150,000
35	26	¥1,820,000	¥520,000	¥1,100,000	¥1,620,000	¥200,000
36	27	¥1,890,000	¥540,000	¥1,100,000	¥1,640,000	¥250,000
37	28	¥1,960,000	¥560,000	¥1,100,000	¥1,660,000	¥300,000
38	29	¥2,030,000	¥580,000	¥1,100,000	¥1,680,000	¥350,000
39	30	¥2,100,000	¥600,000	¥1,100,000	¥1,700,000	¥400,000
40						

図 11.55　収支状況

　この様子をグラフで確認す
るために，**図 11.56** のよう
に，セル A8 から F39 までを
選択し，「挿入」タブの「グ
ラフ」グループで「散布図」
を選び，一覧から「散布図
（直線）」をクリックする．

　図 11.57 のように，グラフ
では「収支」の直線が横軸と

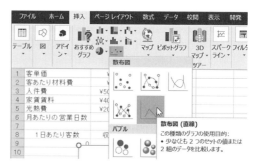

図 11.56　グラフ作成

交わるところ，もしくは「収入」の直線と「費用合計」の直線が交わるところが
損益分岐点になる．

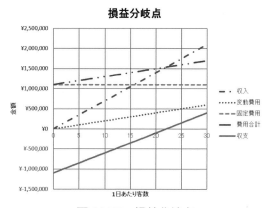

図 11.57 損益分岐点

◢11.3.3 共有地の悲劇

課 題

限られた牧草地に4軒の農家が牛を放牧する．各農家は3頭までの牛を飼うことができ，牛1頭の価格を20万円とする．牛1頭で得られる収益は，牧草地の牛の数が増えるほど減るものとして，16から牛の数の合計を引いたものに10万円をかけたものとする．このとき，4軒の農家が協力することとすると，何頭の牛を飼うのが適当か＊．

ポイント

2次関数，ゲーム理論

解 説

4軒の農家が互いにライバル関係にあって，お互いの情報を公開しないとすると，他の農家の出方を予想して戦略を立てることになる．与えられた条件により，自分が飼う牛の数と他の農家が飼う牛の合計数で自分が得られる利益（単位：万円）の一覧表を作ると**図 11.58**のようになる．

＊鈴木光男「新ゲーム理論」勁草書房，1994年．

他の農家の牛の数

		0	1	2	3	4	5	6	7	8	9
自分の牛の数	0	0	0	0	0	0	0	0	0	0	0
	1	130	120	110	100	90	80	70	60	50	40
	2	240	220	200	180	160	140	120	100	80	60
	3	330	300	270	240	210	180	150	120	90	60

図 11.58　非協力関係における利益

　他の農家が何頭飼うかはわからないので，すべての場合について検討してみる．たとえば，他の農家が飼う牛の数の合計が 6 頭の場合には，自分が 0 頭，1 頭，2 頭，3 頭飼う場合に得られる利益は，それぞれ 0 万円，70 万円，120 万円，150 万円となり，この場合，自分は 3 頭飼うのが，最も有利な戦略といえる．他の場合についても同様に検討すると，他の農家の牛の数が 9 頭の場合だけ，2 頭飼っても，3 頭飼っても利益が同じになるが，どの場合でも 3 頭飼っておいて損にはならない．したがって，他者の動向がわからない場合には，3 頭飼うのが合理的な戦略という結論になる．他の農家でも同じように考えるため，結果的にはすべての農家が 3 頭ずつ飼うことになり，それぞれが 60 万円，合計 240 万円の利益をあげることになる．

　ところが，解法で述べるように，お互いが協力し合うと，全体で 7 頭飼ったときには合計 490 万円（1 軒あたり 122 万 5 千円）の利益が得られる．協力し合わないことで，本来の半分以下の利益しか得られず，牧草地の資源もいたずらに消費してしまうという意味でこれは「**共有地の悲劇**」と呼ばれ，**ゲーム理論**の分野において**非協力ゲーム**の代表的な問題として知られている．

解法

　4 軒の農家が協力して牛を共同購入するものとすると，最大 12 頭まで購入することができる．頭数に応じて得られる利益を求めることにする．**図 11.59** のように各項目を入力する．

　「1 頭あたりの収益」は，16 から牛の数を引いた数字に 10 万円をかけたものなので，**図 11.60** のように，セル B4 に「=10*(16−A4)」を入力する．

　「収益」は，「1 頭あたりの収益」に「頭数」をかけたものなので，**図 11.61** のように，セル C4 に「=A4*B4」を入力する．

　購入費用は 1 頭あたり 20 万円なので，**図 11.62** のように，「購入費用」として

	A	B	C	D	E
1	4軒の農家の利益				
2					単位(万円)
3	牛の頭数	1頭あたりの収益	収益	購入費用	利益
4	0				
5	1				
6	2				
7	3				
8	4				
9	5				
10	6				
11	7				
12	8				
13	9				
14	10				
15	11				
16	12				

図 11.59　入力項目

	A	B
1	4軒の農家の利益	
2		
3	牛の頭数	1頭あたりの収益
4	0	=10*(16-A4)

図 11.60　1頭あたりの収益

	A	B	C
1	4軒の農家の利益		
2			
3	牛の頭数	1頭あたりの収益	収益
4	0	160	=A4*B4

図 11.61　収益

	A	B	C	D
1	4軒の農家の利益			
2				
3	牛の頭数	1頭あたりの収益	収益	購入費用
4	0	160	0	=20*A4

図 11.62　購入費用

セル D4 に「=20*A4」を入力する.

　「利益」は,「収益」から「購入費用」を差し引いた金額なので, **図 11.63** のように, セル E4 は「=C4−D4」と入力する.

	A	B	C	D	E
1	4軒の農家の利益				
2					単位(万円)
3	牛の頭数	1頭あたりの収益	収益	購入費用	利益
4	0	160	0	0	=C4-D4

図 11.63　利益

セル B4 から E4 を選択し，16 行目までコピーすると各頭数の利益が**図 11.64**のように計算される．結果としては，全体で 7 頭とするのが最も利益を得られることがわかる．

	A	B	C	D	E
1	4軒の農家の利益				
2					単位(万円)
3	牛の頭数	1頭あたりの収益	収益	購入費用	利益
4	0	160	0	0	0
5	1	150	150	20	130
6	2	140	280	40	240
7	3	130	390	60	330
8	4	120	480	80	400
9	5	110	550	100	450
10	6	100	600	120	480
11	7	90	630	140	490
12	8	80	640	160	480
13	9	70	630	180	450
14	10	60	600	200	400
15	11	50	550	220	330
16	12	40	480	240	240
17					

図 11.64　頭数ごとの利益

これをグラフで確認することとし，セル A3 から E16 まで選択したら，**図 11.65**のように，「挿入」タブの「グラフ」グループで「散布図」を選び，「散布図（平滑線とマーカー）」をクリックする．

「1 頭あたりの収益」は必要ないので，データ系列から削除するために，**図 11.66** のように，「デザイン」タブの「データ」グループで「データの選択」をクリックする．

図 11.67 のように，「データソースの選択」ウィンドウで，「1 頭あたりの収益」を選んだ後，「削除（R）」ボタンをクリックして「OK」ボタンをクリックする．

軸の書式設定を適宜行うと，**図 11.68** のようなグラフが得られる．利益を表すグラフは 2 次曲線になっていて，最大になるのは 7 頭のときで，4 軒の農家の合計の利益は 490 万円となることがわかる．

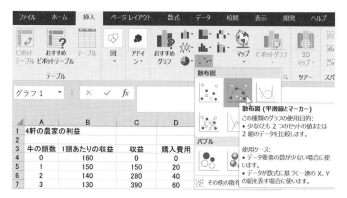

図 11.65 散布図

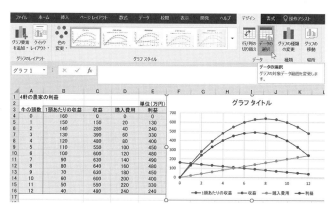

図 11.66 データの選択

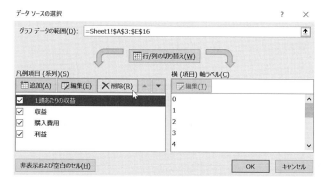

図 11.67 1頭あたりの収益の削除

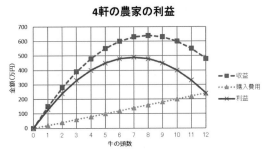

4軒の農家の利益

図 **11.68**　４軒の農家の利益

11.4　帳票の作成

11.4.1　見積書

課 題

図 **11.69** のような見積書の様式を作成しなさい.

ポイント

セルの結合, セルの保護, 書式のユーザー定義, Rounddown 関数, Today 関数

解 説

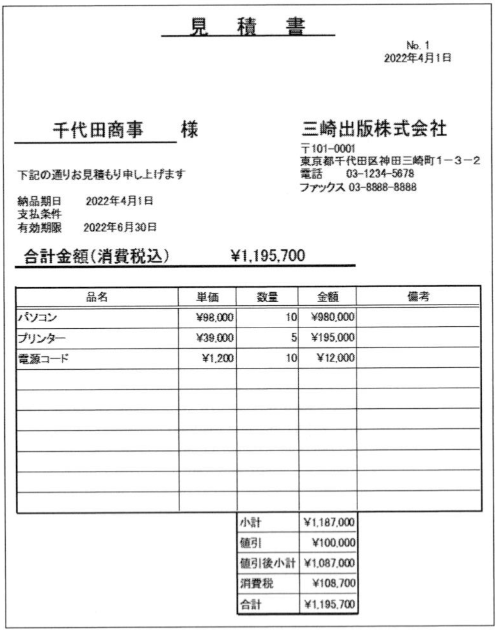

ほとんどの部分が共通で, 宛先や通信内容だけを使用時に変更するという定型文書はビジネスの効率化に欠かせない. このように, 何度も使い回しができる様式のことを**ひな形**, もしくは**テンプレート**という. 会社の取引に利用される, 見積書, 請求書, 領収書などはひな形の代表例である. このような書類には, 手入力をする部分と, 自動的に計算できる部分とが混在していて, 自動的に計算できる部分に

図 **11.69**　見積書

ついては一度作成したら，修正されないようにシートを保護することで単純な計算ミスを防ぐことができる．

　計算をするときに，特に注意が必要なのは実数の扱いである．セルの値は指定された桁で四捨五入されて表示されるため，セルの値と表示が必ずしも一致しないことがある．ここでは，値と表示の差についても言及する．

解 法

　セル A1 から F17 に，**図 11.70** のような項目を入力する．

　また，セル D28 から D32 までに，**図 11.71** のような項目を入力する．

　各商品の「金額」は，「(単価)×(数量)」で求められるので，**図 11.72** のように，セル E18 に「=C18*D18」という式を入力する．

　各行の「金額」を計算するために，**図 11.73** のように，セル E18 を E27 までコピーする．

　「小計」を計算するために，**図 11.74** のように，セル E28 を選択したら，「ホーム」タブの「編集」グループで「Σ (合計)」を選んで Enter キーを押す．

　「小計」から「値引」を引いた「値引後小計」を計算するために，**図 11.75** のように，セル E30 に「=E28-E29」と入力する．

図 11.70 見積書の項目

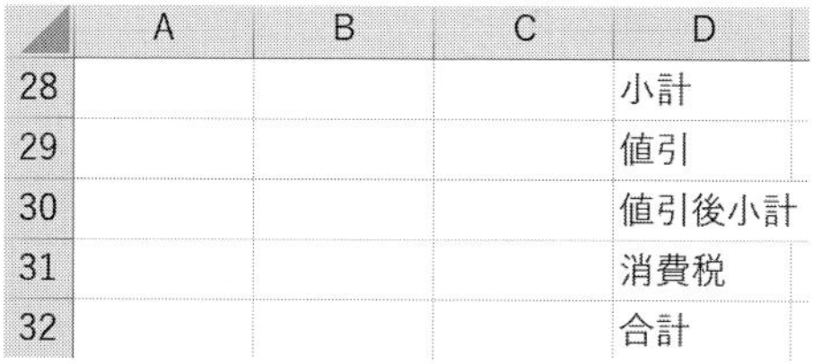

図 11.71 合計項目

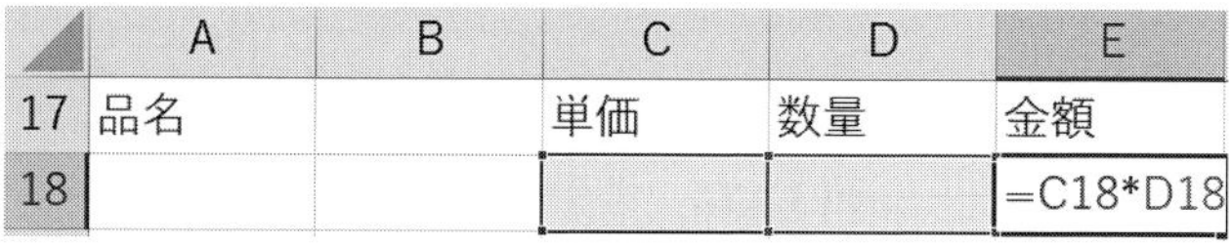

図 11.72 金額

「消費税」は「値引後小計」の 10 ％なのでセル E31 は「=10%*E30」となるが，実数の計算には注意が必要である．たとえば，125 円の 10 ％は 12.5 円であり，通貨表示形式にすると，見かけ上「13 円」と表示される．実際の値と表示が異なると，後の処理で問題が生じることがある．そこで，セルの値自体を処理するために端数処理の関数を使う．

図 **11.76** のように，セル E31 を選択したら，「数式バー」左側の「関数の挿入」ボタンをクリックし，「関数の挿入」ウィンドウの「関数の分類（C）」を「数学／三角」として「関数名（N）」から「ROUNDDOWN」を選ぶ．**Rounddown 関数**は，切り捨てを行う関数である*.

Rounddown 関数には，二つの引数があり，1 番目の引数は元の数値，2 番目

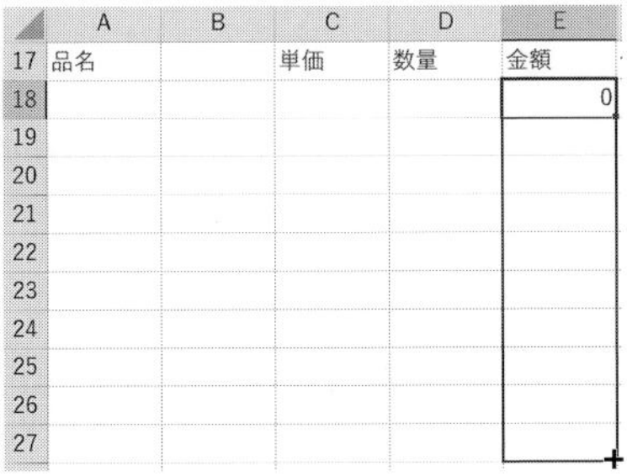

図 11.73　各行の金額

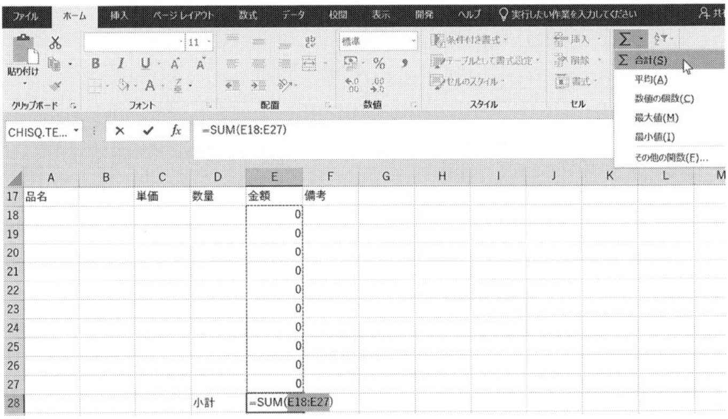

図 11.74　小計

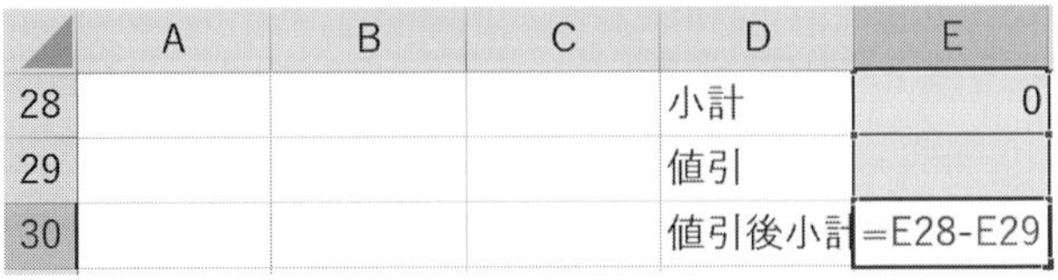

図 11.75　値引後の小計

＊切り上げには Roundup 関数，四捨五入には Round 関数を使う.

図 11.76　Rounddown 関数

の引数は切り捨ての桁を指定する．**図 11.77** のように，1 番目の引数である「数値」に「10%*E30」を，「桁数」に小数点以下 0 桁目で切り捨てるという意味で「0」を入力し，「OK」ボタンをクリックする．

図 11.77　Rounddown 関数の引数

セル E32 の「合計」は，「値引後小計」と「消費税」の合計なので，**図 11.78** のように「=E30+E31」と入力する．「値引後小計」も「消費税」も既に整数なので，Rounddown 関数は必要ない．

	A	B	C	D	E
28				小計	0
29				値引	
30				値引後小計	0
31				消費税	0
32				合計	=E30+E31

図 11.78　合計

「合計金額」は計算結果をそのまま表示するだけなので，**図 11.79** のように，セル C15 は「=E32」と入力する．

見積書を作成した日付を自動で入力するために，**図11.80** のように，セル F3 を選んだら「数式バー」左側の「関数の挿入」で「関数の分類（C）」として「日付／時刻」を選び，「TODAY」を選択して「OK」ボタンをクリックする．**Today 関数**は，当日の日付を自動的に表示する関数である．

セル F3 では，日付の表示形式で年月日を指定するために，**図11.81** のように，「ホーム」タブの「数値」グループの上にあるプルダウンメニューで，「長い日付形式」を選択する．セル B11，B13 も同様に「長い日付形式」とする．

単価を表すセル C18 から C27 は，通貨の形式とするために，**図11.82** のように，「ホーム」タブの「数値」グループで，「通貨表示形式」を選択する．

	A	B	C	D	E
15	合計金額（消費税込）		=E32		
16					
17	品名		単価	数量	金額
18					0
19					0
20					0
21					0
22					0
23					0
24					0
25					0
26					0
27					0
28				小計	0
29				値引	
30				値引後小計	0
31				消費税	0
32				合計	0

図 11.79　合計金額の表示

図 11.80　Today 関数

セル E18 から E32 も通貨の形式だが，何も入力されていない商品の部分に「0」が表示されないようにするために，表示形式をカスタマイズする．**図11.83** のように，セル E18 から E32 を選択したら「ホーム」タブの「数値」グループの「その他の通貨表示形式（M）…」を選ぶ．

「セルの書式設定」ウィンドウの「分類（C）」として「ユーザー定義」を選択し，**図11.84** のように，「種類（T）」の入力欄に「¥#,###; −¥#,###;」と入力する．これは，セミコロン（；）をはさんで三つの欄で構成され，第1の欄は数字が正の場合，第2の欄は負の場合，第3の欄はゼロの場合の書式を指定している．

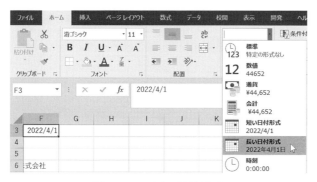

図 11.81 長い日付形式

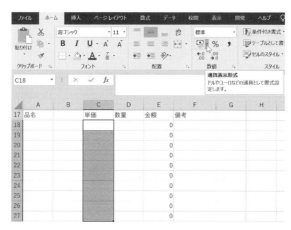

図 11.82 通貨表示形式

「#」は数字1桁に相当するので，正の場合では，3桁区切りでコンマ（,）を表示することになる．

　同様に，セル C15 の合計金額に対しても「その他の通貨表示形式（M）…」を指定する．「ユーザー定義」には「¥#,###; −¥#,###;」形式の定義が登録されているので，それを選んで「OK」ボタンをクリックする．

　セル F2 には，数字の前に「No.」が足されるように書式を設定して通し番号を付ける．**図 11.85** のように，セル F2 を選択したら「ホーム」タブの「数値」グループのプルダウンメニューで「その他の表示形式（M）…」を選ぶ．

　「セルの書式設定」ウィンドウの「表示形式」タブで「分類（C）」を「ユーザー定義」とし，**図 11.86** のように，「種類（T）」に「"No. "#」と入力して「OK」

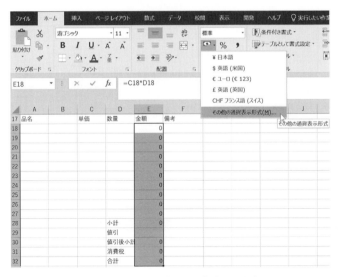

図 11.83　その他の通貨表示形式

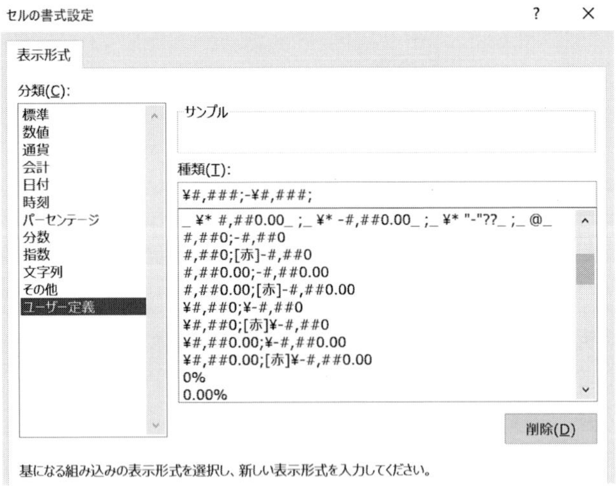

図 11.84　表示形式のユーザー定義

ボタンをクリックする.「No.」の前後をダブルクォート (") で囲むことで,これが文字列であることを表す.「#」は入力された数字を表示する.たとえば,セルF2 で「5」という数字を入力すると,「No.5」と表示される.

「見積書」と書かれたところを見出しとするために,**図 11.87** のように,セル

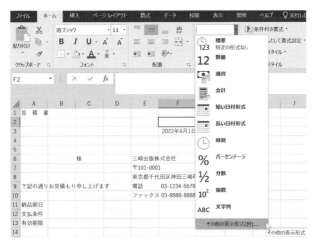

図 11.85 その他の表示形式

図 11.86 通し番号の書式

A1 から F1 までを選択したら「ホーム」タブの「配置」グループで「セルを結合して中央揃え」をクリックする.

　宛名の入力スペースを作るために,**図 11.88** のように,セル A4 から B6 までを選択したら「ホーム」タブの「配置」グループで「セルを結合して中央揃え」のサブメニューから「横方向に結合」を選ぶ.

　同様に,「合計金額」の欄を広げるために,セル A15 から B15,およびセル C15

図 11.87　セルの結合

図 11.88　横方向の結合

から E15 について，「ホーム」タブの「配置」グループで「セルを結合して中央揃え」を選択する．

　また，「品名」欄のスペースを拡張するために，セル A17 から B27 までを選択したら，「ホーム」タブの「配置」グループで「横方向に結合」を選ぶ．

　通し番号と日付についてセンタリングするために，セル F2 から F3 を選んだら「ホーム」タブの「配置」グループで「中央揃え」を選択する．同様に，項目名についてのセンタリングをするために，セル A17 から F17 を選んだら「ホーム」タブの「配置」グループで「中央揃え」を選択する．

　1 行目の高さを設定するために，**図 11.89** のように，「ホーム」タブの「セル」グループで「書式」の「行の高さ（H）…」を選ぶ．

　図 11.90 のように，「行の高さ」ウィンドウで「行の高さ（R）」を「25」とする．同様に，4 行目から 6 行目についても行の高さを「25」にし，15 行目から 32 行目までは，行の高さを「20」にする．

　セル A1 は，「ホーム」タブの「フォント」グループで，文字の大きさを「20 ポイント」とし，「下線」を設定する．また，セル A6 から E6 は「18 ポイント」，セル A15，C15 は「16 ポイント」とする．

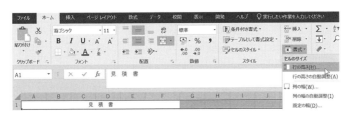

図 11.89　行の高さの書式

図 **11.91** のように，列の幅を調節して，文字が収まるようにする．

図 **11.92** のように，セル A6，およびセル A15，C15 は，「ホーム」タブの「フォント」グループで「下太罫線」を使い下線を引く．

同様に，「格子」「外枠太罫線」「下二重罫線」を使い，図 **11.93** のように罫線を指定する．

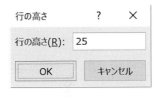

図 11.90　行の高さ設定

ここまでの操作でシートは完成するが，データを入力する際に誤って変更するのを防ぐために，入力対象以外を保護する．入力対象範囲を設定するために，**図 11.94** の色の付いた部分を Ctrl キーを押しながら選択する．

図 **11.95** のように，「ホーム」タブの「セル」グループで「書式」を選び「セルのロック（L）」をクリックする．通常，「セルのロック」の錠のアイコンはチェックされた状態にあり，シートを保護したときにロックされることを意味す

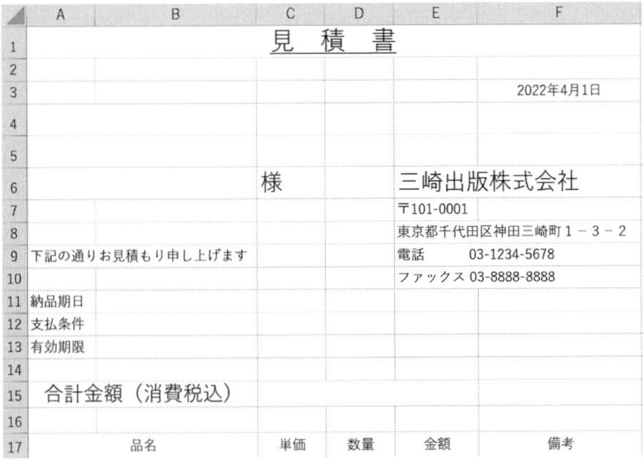

図 11.91　列幅の調節

	A	B	C	D	E	F
1				見　積　書		
2						
3						2022年4月1日
4						
5						
6			様		三崎出版株式会社	
7					〒101-0001	
8					東京都千代田区神田三崎町 1 － 3 － 2	
9	下記の通りお見積もり申し上げます				電話　　　 03-1234-5678	
10					ファックス 03-8888-8888	
11	納品期日					
12	支払条件					
13	有効期限					
14						
15	合計金額（消費税込）					

図 11.92　下太罫線

	A	B	C	D	E	F
16						
17		品名	単価	数量	金額	備考
18						
19						
20						
21						
22						
23						
24						
25						
26						
27						
28				小計		
29				値引		
30				値引後小計		
31				消費税		
32				合計		

図 11.93　罫線の指定

る．これを解除することで，シートを保護しても編集が可能になる．

　最後に，**図 11.96** のように，「ホーム」タブの「セル」グループで「書式」を選び，「シートの保護（P）…」を選ぶ．

　図 11.97 のように，標準の設定で「OK」ボタンをクリックするとセルの保護が完了する．

図 11.94　非保護範囲

図 11.95　セルのロックの解除

図 11.96　シートの保護

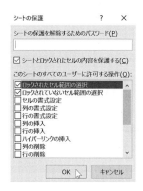

図 11.97　保護設定

■11.4.2　確定申告書

課 題

数値を入力すると自動計算する確定申告書のシートを作成しなさい．

ポイント

複数シートの利用，If 関数

解 説

確定申告書とは，年度末に 1 年間の所得を記録し，納めるべき税金を計算するための書類である．給与所得者であれば，通常は会社が手続きを行い，源泉徴収

という形で月々の給与から事前に税金が差し引かれているので，個人が作成する必要はない．ただし，一定以上の医療費がかかったり，災害・盗難などの損失を被ったりした場合など，給与所得者でも自分で申告することで税金が戻ってくる場合があるので，基礎知識はもっておく必要がある．

実際の確定申告書は項目数が多いので，代表的な部分についてのみ学習する．確定申告書は，**図 11.98** のような「第1表」と呼ばれる書類に，納める，もしくは還付される税金を記載する．

所得金額	給与	1,051,200
	雑	1,507,028
	合計	2,558,228
所得から差し引かれる金額	社会保険料控除	230,890
	基礎控除	480,000
	計	710,890
	医療費控除	111,400
	合計	822,290

税金の計算	課税される所得金額	1,735,000
	上に対する税額	86,750
	源泉徴収税額	10,000
	納める税金	76,750
	還付される税金	

図 11.98 確定申告書第1表

第1表の項目のいくつかは，**図 11.99** のような「第2表」に詳細を記載することになる．

所得の内訳

所得の種類	種目・所得の生ずる場所又は給与などの支払者の氏名・名称	収入金額	源泉徴収税額
給与	給料 ○○産業	175,280	3,000
雑	原稿料 ○○出版	70,000	7,000
		源泉徴収税額の合計額	10,000

図 11.99 確定申告書第2表

なお，第1表で「課税される所得金額」は，「所得金額」の合計から「所得から差し引かれる金額」の合計を引いたもので，1,000 円以下は切り捨てられる．

また，第1表で「上に対する税額」は「課税される所得金額」により異なり

- 所得金額が0円ならば，税額は0円
- 195 万円より少なければ，所得金額の5％
- 330 万円より少なければ，所得金額の 10％から 97,500 円を引いた額
- 695 万円より少なければ，所得金額の 20％から 427,500 円を引いた額
- 900 万円より少なければ，所得金額の 23％から 636,000 円を引いた額
- 1,800 万円より少なければ，所得金額の 33％から 1,536,000 円を引いた額
- 4,000 万円より少なければ，所得金額の 40％から 2,796,000 円を引いた額
- 4,000 万円以上であれば，所得金額の 45％から 4,796,000 円を引いた額

と定められている*.

　第 1 表の「医療費控除」は，第 2 表の「支払った医療費」から「保険金などで補てんされる金額」を引いた額から，「所得金額」の合計の 5 ％と 10 万円の少ない方の金額を引いたものになる．ただし，最高 200 万円，最低 0 円となっている.

　確定申告では，上記のような条件判断が必要になる．条件判断を行う関数は，論理関数の一つである **If 関数**である．**論理関数**とは，条件を満たす（真，true）か，条件を満たさない（偽，false）かによって適した処理を行う．If 関数は，三つの引数をとり，それぞれの引数の意味は次のようになる.

> IF（条件，条件を満たす場合の処理，満たさない場合の処理）

条件としては，次に示すような式の比較が多く用いられる.
- A=B…A と B が等しい
- A<>B…A と B が等しくない
- A>B…A は B より大きい
- A<B…A は B より小さい

　A と B には，数字，式，文字列，セル番号，関数，およびその組合せが入る．たとえば，「=IF(A1<A2,"OK","NG")」は，「セル A1 の値が A2 の値よりも小さい」という条件が成立したとき「OK」が表示され，そうでないときは「NG」が表示されることを表す.

　処理の部分には文字列だけではなく，数字，式，関数を書くこともできる．特に重要なのは If 関数の**ネスティング**，もしくは**入れ子**と呼ばれるもので，処理の部分にさらに If 関数が入ることを意味する．たとえば，**図 11.100** のような「=IF(A1>B1, IF(A1>C1, "A1 が最大 ", "C1 が最大 "), IF(B1>C1, "B1 が最大 ", "C1 が最大 "))」という式は，A1 と B1 を比較して A1 が大きい場合には A1 と C1 の大小

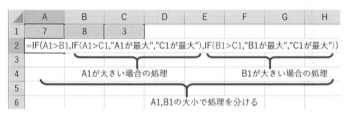

図 11.100　ネスティング

＊令和 2 年度の内容であり，毎年更新される.

関係を調べ，B1が大きい場合にはB1とC1の大小関係を調べることで最大値を求めることを表す．

　関数を複数使うとかっこが複雑になるが，開いたかっこ「(」と，閉じたかっこ「)」は必ず1対1に対応する．セルの入力途中では，対応しているかっこが太字で表示される．

解法

　これまではシートを一つしか使用しなかったが，ここでは，第1表と第2表を別のシートととして扱う．下の「Sheet1」と書いてある場所で，右クリックして表示されるメニューの中から「名前の変更 (R)」を選び，名前を「第1表」とする．同様に，「Sheet2」を，名前の変更で「第2表」とする（**図11.101**）*.

　第2表のシートに，**図11.102** の内容の表を作成し罫線を設定する．

図11.101　シート名の変更

	A	B	C	D
1	所得の内訳			
2	所得の種類	種目・所得の生ずる場所又は給与などの支払者の氏名・名称	収入金額	源泉徴収税額
3				
4				
5				
6				
7			源泉徴収税額の合計額	

図11.102　第2表の入力項目

　ここで，セルB2のように文字数の多いところでは，「ホーム」タブの「フォント」グループで，フォントサイズを「6ポイント」とする．それでも収まりきらない箇所では，折り返し表示を行う．**図11.103** のように，「ホーム」タブの「セル」グループで「書式」を選び，表示されるメニューで「セルの書式設定 (E)…」をクリックする．

　図11.104 のように，「セルの書式設定」ウィンドウで「配置」タブを選び，「文

＊「Sheet1」しか表示されていない場合は，右にある「＋」でシートを追加する．

字の制御」で「折り返し全体を表
示する（W）」をチェックし，
「OK」ボタンをクリックする*.

　セル D7 は，「源泉徴収額」の合
計を自動計算するために，「ホー
ム」タブの「編集」グループで
「Σ（合計）」を使う．ただし，こ
こでは計算すべき数字が入力され
ていないため，合計の範囲は手動
で設定しなければならない．**図
11.105** のように，セル D7 に
「=SUM()」と表示されている状
態で，セル D3 から D6 を選び，合
計の範囲を設定する．

　次に，「第 1 表」のシートを選
択し，第 1 表に**図 11.106** のよう

図 11.103　セルの書式設定

な項目を入力して，罫線を指定する．セル A1 から A3，A4 から A8 については，
セルを結合したうえで，折り返し表示を行う．すなわち，「セルの書式設定」ウィ
ンドウの「配置」タブで，「文字の配置」の「横位置」を「中央揃え」とし，「文
字の制御」の「折り返して全体を表示する（W）」および「セルを結合する（M）」
をチェックする．

図 11.104　折り返しの指定

＊折り返し箇所を指定するときは，指定箇所で Alt + Enter を押す．

図 11.105　源泉徴収税額の合計

図 11.106　第 1 表の入力項目

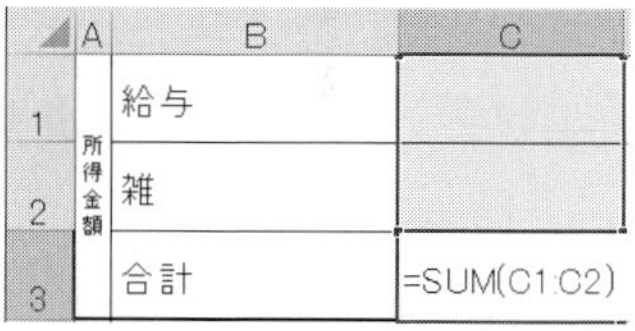

「所得金額」の合計を計算するために，**図 11.107** のように，セル C3 を選択した後，「ホーム」タブの「編集」グループで「Σ（合計）」を選び Sum 関数の範囲としてセル C1 から C2 を選択する.

図 11.107　所得金額の合計

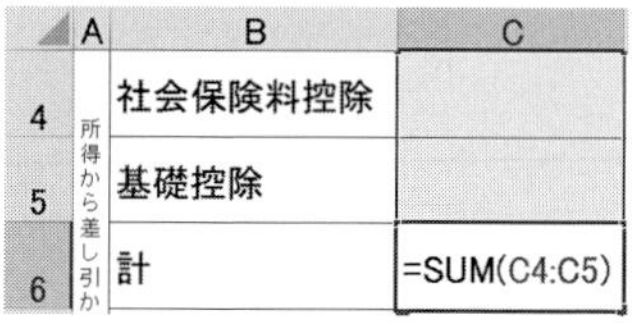

同様に，「控除金額」の合計を計算するために，**図 11.108** のように，セル C6 を選択した後，「ホーム」タブの「編集」グループで「Σ（合計）」を選び，Sum 関数の範囲としてセル C4 から C5 を選択する.

図 11.108　控除の合計

さらに，「所得から差し引かれる金額」の合計を計算するために，**図 11.109** のように，セル C8 を選択した後，「ホーム」タブの「編集」グループで「Σ（合計）」を選び，Sum 関数の範囲としてセル C6 か

187

ら C7 を選択する.

「課税される金額」を計算するために，「所
得金額」の合計から「所得から差し引かれる
金額」の合計を引き算する．1,000 円以下を
切り捨てるために Rounddown 関数を使う．
関数の 2 番目の引数である切り捨ての桁は，
通常，小数点以下の桁を指定するが，ここで

図 11.109 所得から差し引かれる金額

は小数点以上の 3 桁目なのでマイナスの桁数である「−3」となる．**図 11.110** の
ように，セル G1 を選択した後，「数式バー」左側の「関数の挿入」ボタンをクリ
ックし，「関数の分類（C）」として「数学／三角」を選び「関数名（N）」の中か
ら「ROUNDDOWN」を選んで「OK」ボタンをクリックする．

図 11.110 Rounddown 関数

図 11.111 のように，「関数の引数」ウィンドウで，「数値」に「C3 − C8」を，
「桁数」に「−3」を入力する．

図 11.111 Rounddown 関数の引数

　第1表の「源泉徴収額」は，第2表の計算結果をそのまま利用するので，**図11.112**のように，「第1表」シートのセルG3で「=」と入力した後，**図11.113**のように「第2表」シートを選び，セルD7をクリックして Enter キーを押す．第1表のセルG3には「=第2表!D7」という式が入力される．「!」の前がワークシート名，後がセル名を表す．

図11.112 源泉徴収額の指定

図11.113 源泉徴収額の参照

　「納める税額」もしくは「還付される税額」には，「上に対する税額」から既に納めている「源泉徴収額」の差を表示するが，納める場合にはセルG4に，戻ってくる場合にはセルG5に表示するため，**図11.114**のようにG4に「=IF(G2>G3,G2-G3,"")」，**図11.115**のようにG5に「=IF(G2>G3,"",G2-G3)」を入力する．それぞれ，符号が異なる場合にはセルの表示を行わないので，ダブルクォート（"）を二つ並べることで空白を表す．

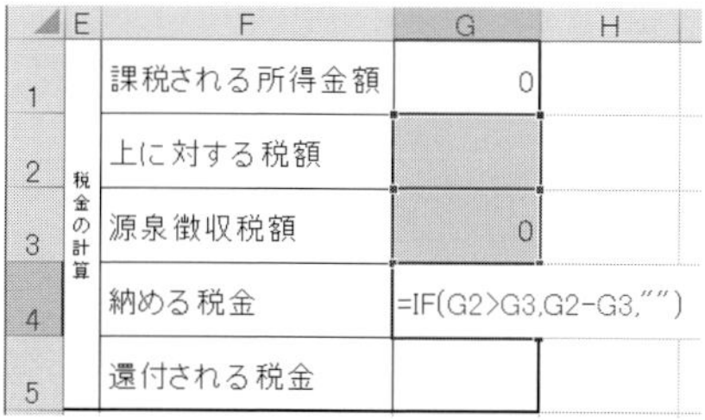

図11.114 納める税額

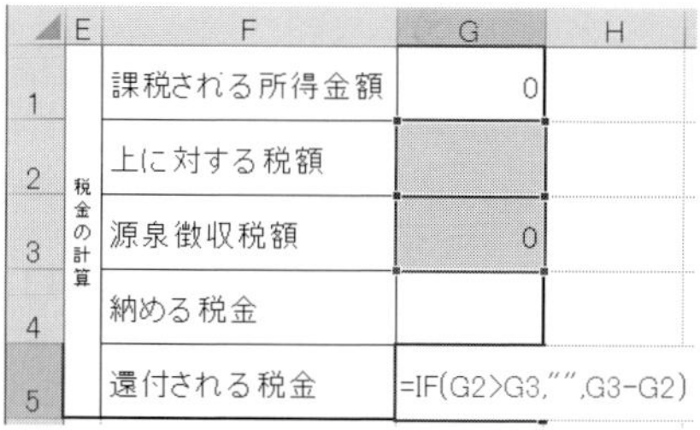

図11.115 還付される税額

　なお，セルG5では，マイナスを表すために，「ホーム」タブの「セル」グループで「書式設定」を選び，「セルの書式設定」ウィンドウを表示させたら，「表示形式」タブの「分類（C）」を「数値」として「負の数の表示形式（N）」を**図11.116**のように「△ 1,234」を指定する．

　解説で述べたとおり，「上に対する税額」は「課税される所得金額」に応じて異

なる．これを計算するために，**図 11.117** のように，セル G2 には次のような If 関数を入力する．

=IF(G1<1000,0,

IF(G1<1950000,G1*0.05,

IF(G1<3300000,G1*0.1 − 97500,

IF(G1<6950000,G1*0.2 − 427500,

IF(G1<9000000,G1*0.23 − 636000,

IF(G1<18000000,G1*0.33 − 1536000,

IF(G1<40000000,G1*0.4 − 2796000,G1*0.45 − 4796000))))))))

　通常，If 関数は，「=IF(条件，条件が成り立つ場合，条件が成り立たない場合)」という形式だが，ここでは関数が入れ子になっている．

　「医療費控除」については，表示されないワークシートを使い，途中状態を計算する．「Sheet3」のシートを選択し，セル A1 から A5 に，**図 11.118** のように項目を入力する．

図 11.116　負の数の表示形式

図 11.117　税額

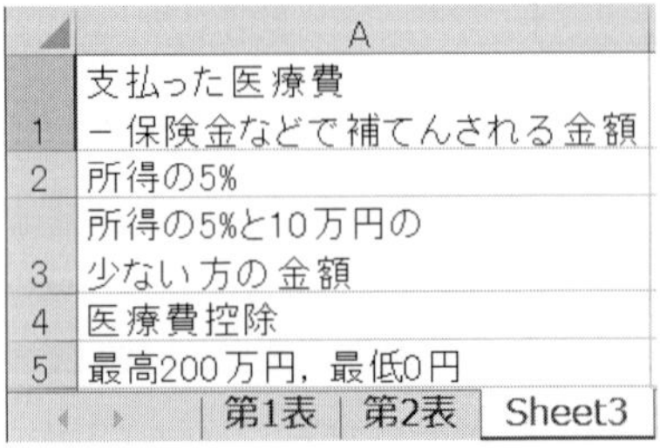

	A
1	支払った医療費 − 保険金などで補てんされる金額
2	所得の5%
3	所得の5%と10万円の 少ない方の金額
4	医療費控除
5	最高200万円，最低0円

第1表　第2表　Sheet3

図 11.118　医療費控除の項目

図 **11.119** のように，セル B2 には，「=0.05*」と書いた後，シート「第 1 表」
のセル C3 を選択する．

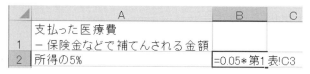

	A	B	C
1	支払った医療費 － 保険金などで補てんされる金額		
2	所得の5%	=0.05*第1表!C3	

図 **11.119** 所得の 5 ％

セル B3 には，「所得の 5 ％」と 10 万円を比較して小さいほうを出力するため
に「=IF(B2<100000, B2, 100000)」と入力する（**図 11.120**）．

	A	B	C	D
1	支払った医療費 － 保険金などで補てんされる金額			
2	所得の5%	0		
3	所得の5%と10万円の 少ない方の金額	=IF(B2<100000,B2,100000)		

図 **11.120** 10 万円との比較

図 **11.121** のように，「医療費
控除」を表すセル B4 には，
「=B1－B3」と入力する．

最高 200 万円，最低 0 円を表
すために，まず，200 万円を超
えているかを調べ，次に 0 円を
下回っているかを調べる．**図**

	A	B
1	支払った医療費 － 保険金などで補てんされる金額	
2	所得の5%	0
3	所得の5%と10万円の 少ない方の金額	0
4	医療費控除	=B1-B3

図 **11.121** 医療費控除

11.122 のように，セル B5 に「=IF(B4>2000000, 2000000, IF(B4<0, 0, B4))」と入
力する．

	A	B	C	D	E
1	支払った医療費 － 保険金などで補てんされる金額				
2	所得の5%	0			
3	所得の5%と10万円の 少ない方の金額	0			
4	医療費控除	0			
5	最高200万円，最低0円	=IF(B4>2000000,2000000,IF(B4<0,0,B4))			

図 **11.122** 最高額，最低額

この結果を第 1 表に反映させるために，**図 11.123** のように，シート「第 1 表」のセル C7 に「=」を記入してからシート「Sheet3」のセル B5 を選択する．

図 11.123　医療費控除の参照

基礎控除については，次のように定められている．

- 所得金額が 2,400 万円以下なら，控除額は 48 万円
- 2,450 万円以下なら 32 万円
- 2,500 万円以下なら 16 万円
- 2,500 万円を越えるなら 0 円

図 11.124 のように，第 1 表のセル C5 には「=IF(C3<=24000000, 480000, IF(C3<=24500000, 320000, IF(C3<=25000000, 160000, 0)))」と入力する．

図 11.124　基礎控除

計算式はこれで完成で，最後に入力部分以外を保護する．**図 11.125** のように，「第 1 表」のセル C1，C2，C4 について [Ctrl] キーを押しながら順にクリックする．次に，「ホーム」タブの「セル」グループで「書式」を選んで表示されるメニューから「シートの保護（P）…」を選ぶ．「シートの保護」ウィンドウで「ロックさ

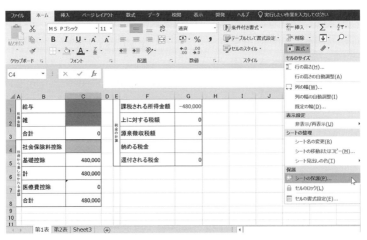

図 11.125　第 1 表の非保護範囲

れたセル範囲の選択」と「ロックされていないセル範囲の選択」がチェックされている状態で「OK」ボタンをクリックする．これで「第1表」の入力部分以外が保護される．修正する場合には，「書式」「シート保護の解除（P）」を選ぶ．

同様に，「第2表」のシートについては，**図 11.126** の色の付いた部分を保護対象から外し，シートを保護する．

	A	B	C	D
1	所得の内訳			
2	所得の種類	種目・所得の生ずる場所又は給与などの支払者の氏名・名称	収入金額	源泉徴収税額
3				
4				
5				
6				
7			源泉徴収税額の合計額	0

図 11.126　第2表の非保護範囲

11.5　データ集計

11.5.1　データの分類

課 題

BRICs，および先進主要5カ国の情報通信の普及状況が**図 11.127** の表で与えられるとき*，地域別にインターネット利用率の多い順に並べ替えなさい．

番号	国名	地域	移動体電話契約数（100人あたり）	インターネット利用率（%）
1	ブラジル	南アメリカ	98.8	67.5
2	ロシア	ヨーロッパ	164.4	82.6
3	インド	アジア	84.3	34.5
4	中国	アジア	120.4	54.3
5	アメリカ	北アメリカ	123.7	87.3
6	イギリス	ヨーロッパ	117.6	92.5
7	ドイツ	ヨーロッパ	128.4	88.1
8	フランス	ヨーロッパ	110.6	83.3
9	日本	アジア	139.2	89.8

図 11.127　情報通信の普及状況

ポイント

並べ替え，ウィンドウ枠の固定

＊総務省統計局「世界の統計」2021 年．
　（https://www.stat.go.jp/data/sekai/notes.html）

解説

　大量のデータを集めて，高速に検索できるようにしたものを**データベース**という．Excel は，表形式でデータを書けることから，簡単な検索作業を行うことができる．ただし，元々データベースを扱うことを目的とはしていないので，数万件を越えるような大量のデータには適さない．

　データベースの基本操作は，与えられた条件でデータを検索したり，データを並べ替えたりすることである．**並べ替え**（**ソーティング**ともいう）は，データが少ないときには手作業でも容易だが，数が増えると極端に時間のかかる作業になり，コンピュータでの操作が重要な役割をもつ．

　データベースでは，「番号」「国名」などのように，属性を表すものを**フィールド名**，または**項目名**という．その中で並べ替えや検索の属性として使われる項目を**キー**という．また，「ブラジル」「ロシア」など，各個別データのことを**レコード**という．

解法

　セル A4 から E13 に，**図 11.128** のようなデータを入力する．

	A	B	C	D	E
1	情報通信の普及(総務省統計局「世界の統計2021」より)				
2					
3					
4	番号	国名	地域	移動体電話契約数(100人あたり)	インターネット利用率(%)
5	1	ブラジル	南アメリカ	98.8	67.5
6	2	ロシア	ヨーロッパ	164.4	82.6
7	3	インド	アジア	84.3	34.5
8	4	中国	アジア	120.4	54.3
9	5	アメリカ	北アメリカ	123.7	87.3
10	6	イギリス	ヨーロッパ	117.6	92.5
11	7	ドイツ	ヨーロッパ	128.4	88.1
12	8	フランス	ヨーロッパ	110.6	83.3
13	9	日本	アジア	139.2	89.8

図 11.128　情報通信の普及データ

　この問題ではデータの数が少ないので，1 画面にすべてのデータが収まるが，一般に多数のデータを扱うと，画面をスクロールしたときに見出しが見えなくなる．そこで，ウィンドウ枠を固定することで見出しが常に表示されるようにする．**図 11.129** のように，セル D5 を選択したら「表示」タブの「ウィンドウ」グループで「ウィンドウ枠の固定」を選び，「ウィンドウ枠の固定（F)」をクリックする．

図 11.129 ウィンドウ枠の固定

これで，**図 11.130** のように，画面をスクロールしたときでも常に見出しが見える状態になる．

	A	B	C	D	E
1	情報通信の普及(総務省統計局「世界の統計2021」より)				
2					
3					
4	番号	国名	地域	移動体電話契約数 (100人あたり)	インターネット利用率 (%)
11	7	ドイツ	ヨーロッパ	128.4	88.1
12	8	フランス	ヨーロッパ	110.6	83.3
13	9	日本	アジア	139.2	89.8

図 11.130 固定状態の確認

図 11.131 のように，セル A4 から F13 を選択したら「データ」タブの「並べ替えとフィルター」グループで「並べ替え」をクリックする．

図 11.132 のように，「並べ替え」ウィンドウの「最優先されるキー」を「地域」とし，「順序」を「昇順」とする．小さい順に並べることを**昇順**（しょうじゅん）といい，逆に，大きいものから並べることを**降順**（こうじゅん）という．

図 11.133 のように，「レベルの追加（A)」を押し，「次に優先されるキー」として「インターネット利用率」を選び，「順序」を「大きい順」として「OK」ボタンをクリックする．

地域別でインターネット利用者数の多い順に並び替わるので，**図 11.134** のように罫線と見出しを追加する．

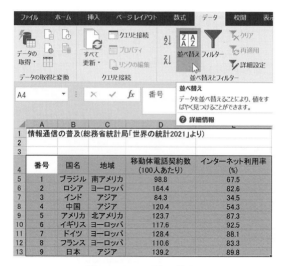

図 11.131　並べ替え

図 11.132　地域による並べ替え

図 11.133　2番目の条件の追加

	A	B	C	D	E
1	情報通信の普及(総務省統計局「世界の統計2021」より)				
2					
3					
4	番号	国名	地域	移動体電話契約数(100人あたり)	インターネット利用率(%)
5	9	日本	アジア	139.2	89.8
6	4	中国	アジア	120.4	54.3
7	3	インド	アジア	84.3	34.5
8	5	アメリカ	北アメリカ	123.7	87.3
9	1	ブラジル	南アメリカ	98.8	67.5
10	6	イギリス	ヨーロッパ	117.6	92.5
11	7	ドイツ	ヨーロッパ	128.4	88.1
12	8	フランス	ヨーロッパ	110.6	83.3
13	2	ロシア	ヨーロッパ	164.4	82.6

図 11.134 地域別のインターネット利用率による並び替え

11.5.2 フィルター

課題

大都市圏における運輸道路状況が**図 11.135** の表で与えられるとき*，総面積が 5,000 km² 以上の都道府県を，道路実延長が長い順に並べなさい．

番号	都道府県	総面積(100km2)	総人口(万人)	道路実延長(km)	保有自動車数(千世帯あたり)
1	北海道	834.2	525	91, 295	1, 325
2	埼玉	38.0	735	45, 114	1, 190
3	千葉	51.6	626	38, 808	1, 188
4	東京	21.9	1, 392	25, 339	665
5	神奈川	24.2	990	14, 104	917
6	静岡	77.8	364	26, 232	1, 762
7	愛知	51.7	755	45, 862	1, 568
8	大阪	19.1	881	14, 243	843
9	兵庫	84.0	547	31, 848	1, 144
10	福岡	49.9	510	30, 548	1, 352

図 11.135 運輸道路状況

ポイント

フィルター，条件抽出

解説

11.5.1 項で述べた方法は，データベースのもととなる表自体を変更する操作だが，一時的に条件を修正して簡単に確認したい場合もある．そのときに便利なの

*総務省統計局「統計でみる都道府県のすがた」2021 年．
(https://www.stat.go.jp/data/k-sugata/index.html)

が**フィルター機能**である．フィルター機能は，並べ替えだけでなく，条件を設定してレコードを抽出するときにも使うことができる．

セル A3 から F13 に，**図 11.136** のようにデータを入力する．

	A	B	C	D	E	F	G
1	運輸道路状況(総務省統計局「統計でみる都道府県のすがた2021」より)						
2							
3	番号	都道府県	総面積 (100km2)	総人口 (万人)	道路実延長 (km)	保有自動車数 (千世帯あたり)	
4	1	北海道	834.2	525	91,295	1,325	
5	2	埼　玉	38.0	735	45,114	1,190	
6	3	千　葉	51.6	626	38,808	1,188	
7	4	東　京	21.9	1,392	25,339	665	
8	5	神奈川	24.2	990	14,104	917	
9	6	静　岡	77.8	364	26,232	1,762	
10	7	愛　知	51.7	755	45,862	1,568	
11	8	大　阪	19.1	881	14,243	843	
12	9	兵　庫	84.0	547	31,848	1,144	
13	10	福　岡	49.9	510	30,548	1,352	

図 11.136　運輸道路状況データ

フィルターで利用するデータベースの範囲を設定するために，**図 11.137** のように，セル A3 から F13 を選択した後，「データ」タブの「並べ替えとフィルター」グループで「フィルター」をクリックする．この操作を行うと，各項目名の右に表示される「▼」アイコンを使うことで簡単に並べ替えることができる．

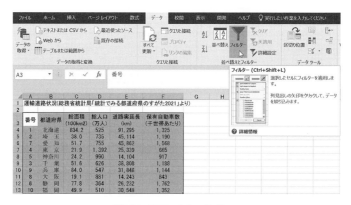

図 11.137　フィルター

　図 **11.138** のように，セル E3 の「道路
実延長」の右にある「▼」アイコンをク
リックするとメニューが表示されるの
で，「降順（O）」を選ぶ．この操作によ
り，道路実延長の長いものから順に並べ
替えをすることができる．並べ替えを実
現している項目には「▼」アイコンの横
に「↓」などの記号が付くので，何を基
準に並べ替えているのかが一目でわかる．

　面積が 5,000 km² 以上という抽出条件
を追加するために，**図 11.139** のように，
セル C3 の「総面積」の右側の「▼」ア
イコンをクリックしてメニューを表示さ
せ，「数値フィルター（E）」で「指定の
値以上（O）…」を選ぶ．

図 11.138　道路実延長による並べ
替え

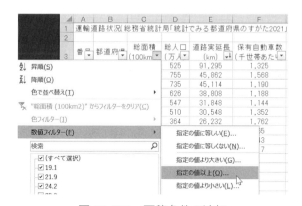

図 11.139　面積条件の追加

　図 11.140 のように，「オートフィルターオプション」の「抽出条件の指定」に
「50」「以上」を指定し，「OK」ボタンをクリックする．これで，**図 11.141** のよ
うに，総面積 5,000 km² 以上の都道府県を道路実延長の長さの順に並べることが
できる．

図 11.140　抽出条件

	A	B	C	D	E	F	G
1	運輸道路状況(総務省統計局「統計でみる都道府県のすがた2021」より)						
2							
3	番号	都道府県	総面積 (100km	総人口 (万人	道路実延長 (km)	保有自動車数 (千世帯あたり	
4	1	北海道	834.2	525	91,295	1,325	
6	7	愛　知	51.7	755	45,862	1,568	
9	3	千　葉	51.6	626	38,808	1,188	
10	9	兵　庫	84.0	547	31,848	1,144	
12	6	静　岡	77.8	364	26,232	1,762	

図 11.141　条件を満たす並べ替え

■11.5.3　検索表

課題

　図 11.142 のように授業の点数が与えられたとき，90 点以上が S，80 点以上が A，70 点以上が B，60 点以上が C，59 点以下が不合格という成績評価を表示しなさい．

ポイント

　Vlookup 関数

解説

学籍番号	氏名	点数
10001	赤井　ゆう	79
10002	井上　拓也	72
10003	上野　美希	80
10004	遠藤　智紀	54
10005	尾方　理沙	72
10006	加藤　恭平	91
10007	木村　志保	60
10008	工藤　亮	89
10009	剣持　美鈴	77
10010	小山　将司	89

図 11.142　成績表

　条件に応じて結果を返す処理は，If 関数を使って記述できるが，一般に If 関数は条件の数が増えると記述が複雑になり，把握しにくくなる．また，条件を満たすデータの抽出においてフィルターはその場で表示して確認することができるが，データとして保存して再利用するには適さない．
　表形式のデータベースでの条件抽出によく用いられるのが Vlookup 関数であ

る．**Vlookup 関数**は，表形式で記述されたデータベースに対して，キーとなるフィールドの条件検索を行い，該当するレコードの値を抽出する関数である．引数は四つあり，それぞれの意味は以下のとおりである．

- ●引数1：調べる対象の値
- ●引数2：検索する表の範囲（最初の列の値が参照される）
- ●引数3：表の項目のうち抽出されて表示される列番号
- ●引数4：検索方法を表し，真を表す true か，偽を表す false

引数4は，true の場合は調べる対象の値（1番目の引数の値）以下で最大の値を2番目の引数で指定した表の最初の列から抽出し，false の場合は調べる対象の値と一致する値を表の最初の列から抽出する．true の場合は4番目の引数を省略することができる．

なお，Vlookup 関数は，データベースの表の最初の列について垂直方向（vertical）に条件検索するが，表の最初の行について水平方向（horizontal）に条件検索をする **Hlookup 関数**もある．

解 法

セル A1 から D13 に**図 11.143** の成績データを，セル F1 から G8 に**図 11.144** のような点数と評価の対応表を入力する．

	A	B	C	D
1	成績表			
2				
3	学籍番号	氏名	点数	評価
4	10001	赤井　ゆう	79	
5	10002	井上　拓也	72	
6	10003	上野　美希	80	
7	10004	遠藤　智紀	54	
8	10005	尾方　理沙	72	
9	10006	加藤　恭平	91	
10	10007	木村　志保	60	
11	10008	工藤　亮	89	
12	10009	剣持　美鈴	77	
13	10010	小山　将司	89	

図 11.143　成績データ

	F	G
1	評価表	
2		
3	点数	評価
4	0	不合格
5	60	C
6	70	B
7	80	A
8	90	S

図 11.144　評価データ

図 11.145 のように，セル D4 を選択したら「数式バー」左側の「関数の挿入」をクリックし，「関数の挿入」ウィンドウで「関数の分類（C)」として「検索／行列」を選び「関数名（N)」を「VLOOKUP」とする．

図 11.145　Vlookup 関数

　図 11.146 のように，「関数の引数」ウィンドウで，「検索値」を「C4」，「範囲」
を「F$4：G$8」，「列番号」を「2」と指定する．範囲はコピーするため絶対参照
とする．列番号 2 は「評価」のフィールドを表示することを示す．「検索方法」を
省略したので「true」を指定するのと同じ意味になる．

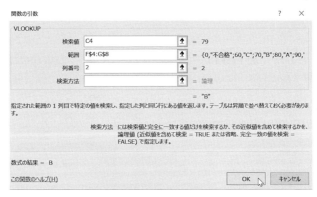

図 11.146　検索値

　セル D4 を選び，D5 から D13 までコピーすると，**図 11.147** のように評価値が
得られる．

	A	B	C	D	E	F	G
1	成績表					評価表	
2							
3	学籍番号	氏名	点数	評価		点数	評価
4	10001	赤井　ゆう	79	B		0	不合格
5	10002	井上　拓也	72	B		60	C
6	10003	上野　美希	80	A		70	B
7	10004	遠藤　智紀	54	不合格		80	A
8	10005	尾方　理沙	72	B		90	S
9	10006	加藤　恭平	91	S			
10	10007	木村　志保	60	C			
11	10008	工藤　亮	89	A			
12	10009	剣持　美鈴	77	B			
13	10010	小山　将司	89	A			
14							

図 11.147　評価値の結果

11.5.4　データベース関数

課題

都道府県別就労率が**図 11.148** のように与えられている*．このとき，第 2 次産業就労率が 25 %未満か第 3 次産業就労率が 65 %以上で，パートタイム就職率が 10 %以上の都道府県数，および平均のパートタイム就職率はどれだけか．

(単位:%)

番号	都道府県	第2次産業	第3次産業	パートタイム就職率
1	北海道	16.9	70.6	5.8
2	青森	19.8	65.1	10.2
3	岩手	25.1	62.9	10.7
4	宮城	22.9	70.5	7.9
5	秋田	24.0	64.7	10.7
6	山形	28.4	60.2	11.2
7	福島	29.4	60.2	8.7
8	茨城	28.5	61.7	8.6
9	栃木	30.7	60.1	8.5
10	群馬	30.8	61.2	10.1
11	埼玉	23.1	67.9	6.1
12	千葉	19.4	72.3	6.8
13	東京	15.3	72.1	7.0
14	神奈川	21.0	72.1	6.1
15	新潟	28.3	63.9	10.1
16	富山	33.1	62.1	10.3
17	石川	27.4	65.5	9.0
18	福井	30.7	63.8	12.1
19	山梨	27.8	62.9	8.4
20	長野	28.5	60.1	9.1

図 11.148　都道府県別就労率

ポイント

データベース関数，Dcount 関数，Daverage 関数

解説

単純な条件では，フィルター機能で簡単に調べることができるが，この課題の

*総務省統計局「統計でみる都道府県のすがた」2021 年．
(https://www.stat.go.jp/data/k-sugata/index.html)

ように条件の数が増えたり，計算式を伴ったりするようなデータ検索を行う場合に便利なのがデータベース関数である．**データベース関数**は，データと条件を引数として，条件を満たすデータの合計，平均などを計算する．条件はセルの中に記述できるので，条件を同時に満たす**共通部分（AND 操作）**や，条件のうちのどれかを満たす**合併（OR 操作）**などのデータベースの基本操作を柔軟に利用することができる．

解 法

　セル A4 から E24 に，**図 11.149** のようなデータを入力する．

	A	B	C	D	E
1	都道府県別就労率				
2					
3					(単位:%)
4	番号	都道府県	第2次産業	第3次産業	パートタイム就職率
5	1	北海道	16.9	70.6	5.8
6	2	青森	19.8	65.1	10.2
7	3	岩手	25.1	62.9	10.7
8	4	宮城	22.9	70.5	7.9
9	5	秋田	24.0	64.7	10.7
10	6	山形	28.4	60.2	11.2
11	7	福島	29.4	60.2	8.7
12	8	茨城	28.5	61.7	8.6
13	9	栃木	30.7	60.1	8.5
14	10	群馬	30.8	61.2	10.1
15	11	埼玉	23.1	67.9	6.1
16	12	千葉	19.4	72.3	6.8
17	13	東京	15.3	72.1	7.0
18	14	神奈川	21.0	72.1	6.1
19	15	新潟	28.3	63.9	10.1
20	16	富山	33.1	62.1	10.3
21	17	石川	27.4	65.5	9.0
22	18	福井	30.7	63.8	12.1
23	19	山梨	27.8	62.9	8.4
24	20	長野	28.5	60.1	9.1

図 11.149　都道府県別就労率データ

　データベース関数の条件を記述するために，セル G1 から K4 に**図 11.150** のような項目を入力する．セル G4 から K4 は，セル A4 から E4 をコピーする．データベース関数では，セル G4 から K4 の見出しに対して与えられた条件でデータを抽出する．

　図 11.151 のように，セル H1 を選択したら「数式バー」左側の「関数の挿入」をクリックし，「関数の挿入」ウィンドウで「関数の分類（C）」として「データベース」を選び「関数名（N）」を「DCOUNT」とする．**Dcount 関数**（database

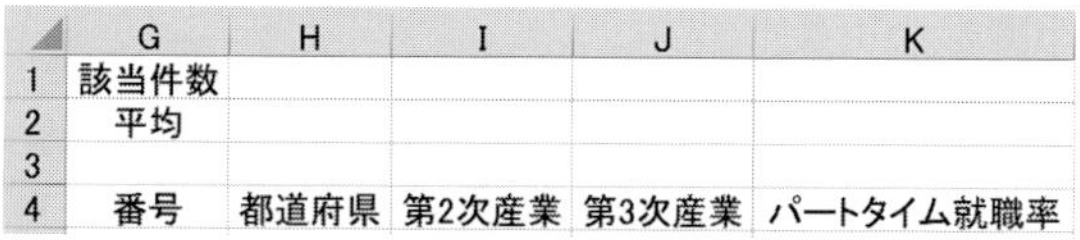

	G	H	I	J	K
1	該当件数				
2	平均				
3					
4	番号	都道府県	第2次産業	第3次産業	パートタイム就職率

図 **11.150**　抽出条件項目

count）はデータベース関数の一つで，条件を満たすデータの個数を調べる．

　データベース関数は，一般に三つの引数をとり，1番目の引数は元となるデータ，2番目の引数は対象とする項目，3番目の引数は条件の範囲を与える．データベースの範囲を指定するために，**図 11.152** のように，「関数の引数」ウィンドウの「データベース」右側のアイコンをクリックする．

　図 11.153 のように，セル A4 から E24 を選択し，「関数の引数」ウィンドウの右側のアイコンをクリックする．

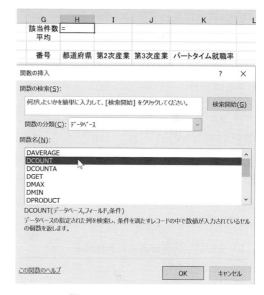

図 **11.151**　Dcount 関数

　個数を数える項目名として「番号」を指定するために，**図 11.154** のように，「関数の引数」ウィンドウの「フィールド」の右側のアイコンをクリックし，セル

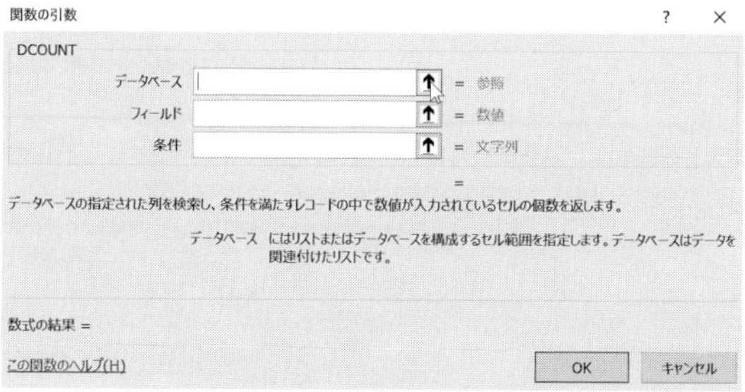

図 **11.152**　データベースの指定

A4 を選択して「関数の引数」ウィ
ンドウ右側のアイコンをクリックす
る.

　条件を与える記述の範囲を指定す
るために，**図 11.155** のように，「関
数の引数」ウィンドウの「条件」の
右側のアイコンをクリックする.

　図 11.156 のように，「条件」の範
囲としてセル G4 から K6 を選択し，
「関数の引数」ウィンドウの右側の
アイコンをクリックし，「関数の引
数」ウィンドウの「OK」ボタンを

	A	B	C	D	
1	都道府県別就労率				
2					
3					
4	番号	都道府県	第2次産業	第3次産業	パートタイム就職率
5	1	北海道	16.9	70.6	5.8
6	2	青森	19.8	65.1	10.2
7	3	岩手	25.1	62.9	10.7
8	4	宮城	22.9	70.5	7.9
9	5	秋田	24.0	64.7	10.7
10	6	山形	28.4	60.2	11.2
11	7	福島	29.4	60.2	8.7
12	8	茨城	28.5	61.7	8.6
13	9	栃木	30.7	60.1	8.5
14	10	群馬	30.8	61.2	10.1
15	11	埼玉	23.1	67.9	6.1
16	12	千葉	19.4	72.3	6.8
17	13	東京	15.3	72.1	7.0
18	14	神奈川	21.0	72.1	6.1
19	15	新潟	28.3	63.9	10.1
20	16	富山	33.1	62.1	10.3
21	17	石川	27.4	65.5	9.0
22	18	福井	30.7	63.8	12.1
23	19	山梨	27.8	62.9	8.4
24	20	長野	28.5	60.1	9.1
25					

図 11.153　データベースの範囲

クリックする．この時点で，セル H1 には「20」という数字が表示される．これ
は，条件を何も指定していないため，データベースのすべてのレコード件数を表
す．

	A	B	C	D
1	都道府県別就労率			
2				
3				
4	番号	都道府県	第2次産業	第3次産業	パートタ
5	1	北海道	16.9	70.
6	2	青森	19.8	65.
7	3	岩手	25.1	62.
8	4	宮城	22.9	70.

図 11.154　個数を数える項目

図 11.155　条件の指定

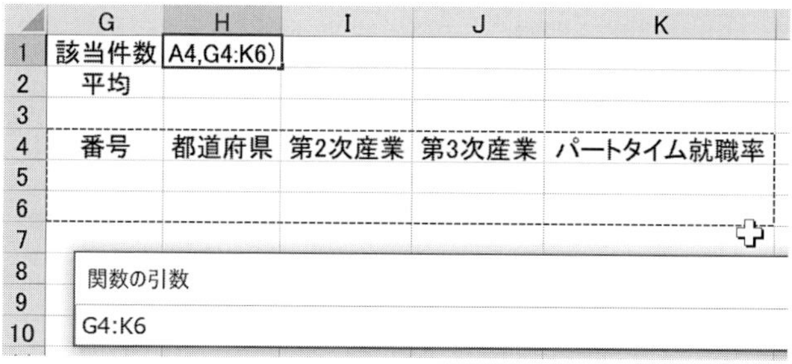

図 11.156 条件の範囲

	G	H	I	J	K
1	該当件数	2			
2	平均				
3					
4	番号	都道府県	第2次産業	第3次産業	パートタイム就職率
5			<25		>=10
6				>=65	>=10

図 11.157 製造業従事者数の条件

図 11.157 のように，セル I5 に「<25」，K5 に「>=10」と入力すると，第 2 次産業就労率が 25 %未満，かつ（AND）パートタイム就職率が 10 %以上という条件を課すことになる*．次に，セル J6 に「>=65」，K6 に「>=10」と入力すると，第 3 次産業就労率が 65 %以上，かつ（AND）パートタイム就職率が 10 %以上という条件を課すことになる．データベース関数では，各行のいずれかを満たせば条件が成立するので，5 行目，もしくは（OR）6 行目が満たされるデータの個数がカウントされる．

条件に該当するパートタイム就職率の「平均」を求めるために **Daverage 関数**（database average）を使う．**図 11.158** のように，セル H2 を選択したら「数式バー」左側の「関数の挿入」ボタンをクリックし，「関数の挿入」ウィンドウの「関数の分類（C)」を「データベース」とし，「DAVERAGE」を選択する．

「関数の引数」として，Dcount 関数と同様に，1 番目の引数である「データベース」はセル A4 から E24，3 番目の引数である「条件」はセル G4 から K6 を選ぶ．2 番目の引数である「フィールド」として「パートタイム就職率」のセル E4 を選ぶと「平均」が「10.5」と計算される．

---

* 「<」「>=」は半角で記述しないと正しい結果が得られない．

図 11.158 Daverage 関数

■11.5.5　クロス集計

課題

　現金出納帳に**図 11.159** のような
データがあるとき，月，費目ごとの
合計出金額を求めなさい．

ポイント

　ピボットテーブル，クロス集計

解説

　現金出納帳とは，日々の入出金，

月	日	摘要	費目	出金
4	1	トナー	消耗品費	¥12,600
4	10	ガス料金	水道光熱費	¥8,300
4	25	雑誌	図書資料費	¥860
5	1	水道料金	水道光熱費	¥7,500
5	3	家賃	地代家賃	¥120,000
5	10	インク	消耗品費	¥5,200
5	25	電池	消耗品費	¥600
6	5	プリンタ用紙	事務用品費	¥1,200
6	10	雑誌	図書資料費	¥780
6	15	交通費	旅費交通費	¥2,650
6	25	家賃	地代家賃	¥120,000

図 11.159　現金出納帳

および繰越金を管理するもので，単式簿記の中でも家計簿に近い感覚で直観的に
わかりやすく管理できる帳簿である．現金出納帳を利用して，月や年の単位での
出費や，占める割合が大きい費目などを集計することができる．このように，単
一要因による集計ではなく，複数要因による集計作業のことを**クロス集計**とい
う．一般的な経済活動では多くの要因が存在することから，クロス集計はとても
重要である．

　クロス集計を簡単に行えるの機能が**ピボットテーブル**である．**ピボット**とは回
転軸を意味し，軸である集計項目を入れ替えることで，様々な集計が簡単に行え

るため，このように呼ばれる．

解 法

　セル A1 から E12 に，**図 11.160** のような出金データを入力する．

　ピボットテーブルを生成するもとのデータの範囲を指定するために，**図 11.161** のように，セル A1 から E12 を選択したら，「挿入」タブの「テーブル」グループで「ピボットテーブル」を選択する．

　「ピボットテーブルの作成」ウィンドウは，**図 11.162** のような状態を確認したら，標準設定のまま「OK」ボタンをクリックする．

　新しいシートが挿入され，**図 11.163** のような空のピボットテーブルが生成される．

　図 11.164 のように，右側の「ピボットテーブルのフィールドリスト」で「月」と書かれている部分をクリックしたらマウスボタンを押したまま，「行」と書かれている場所の下までドラッグする．

	A	B	C	D	E
1	月	日	摘要	費目	出金
2	4	1	トナー	消耗品費	¥12,600
3	4	10	ガス料金	水道光熱費	¥8,300
4	4	25	雑誌	図書資料費	¥860
5	5	1	水道料金	水道光熱費	¥7,500
6	5	3	家賃	地代家賃	¥120,000
7	5	10	インク	消耗品費	¥5,200
8	5	25	電池	消耗品費	¥600
9	6	5	プリンタ用紙	事務用品費	¥1,200
10	6	10	雑誌	図書資料費	¥780
11	6	15	交通費	旅費交通費	¥2,650
12	6	25	家賃	地代家賃	¥120,000

図 11.160　現金出納帳データ

図 11.161　ピボットテーブルの挿入

　図 11.165 のように，右側の「ピボットテーブルのフィールドリスト」で「費目」と書かれている部分をクリックしたらマウスボタンを押したまま，「列」と書かれている場所の下までドラッグすると縦軸に「月」が，横軸に「費目」が並ぶ表ができる．

　最後に，集計項目として「出金」を指定するために，**図 11.166** のように，右側の「ピボットテーブルのフィールドリスト」で「出金」と書かれている部分を

クリックしたら，マウスボタンを押したまま，「値」と書かれた下までドラッグする．

　月単位だけでなく日計まで調べたい場合には，**図 11.167** のように，さらに右側の「ピボットテーブルのフィールドリスト」で「日」と書かれている部分をクリックしたら，マウスボタンを押したまま，「行」の「月」の下までドラッグする．

図 11.162　設定の確認

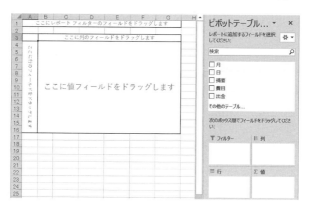

図 11.163　ピボットテーブル

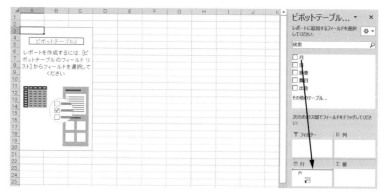

図 11.164　行の項目

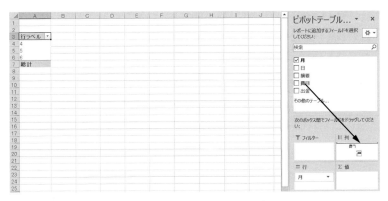

図 11.165 列の項目の設定

図 11.166 集計項目の設定

図 11.167 列の項目の追加

　これで，**図 11.168** のような「月」「日」ごとの集計表ができる．月ごとの集計に切り替える場合には，「月」の数字の前にある「−」をクリックして簡単にまとめることができる．

図 11.168　集計結果

11.6　統 計 処 理

■11.6.1　ヒストグラム

課 題

　30 人のクラスに対してテストを実施したところ，成績が以下のようになった．このとき，10 点ごとの成績分布を調べなさい．

| 49, 69, 55, 66, 77, 97, 40, 93, 72, 80, 80, 70, 60, 65, 47, |
| 74, 28, 77, 91, 83, 85, 57, 89, 80, 90, 50, 85, 38, 68, 57 |

ポイント

　度数分布，ヒストグラム，Frequency 関数

解 説

　統計処理の第一歩はデータの性質を直観的に把握することである．データの性質がわからないまま関数を適用すると誤った分析結果を導くことになるので十分注意が必要である．ここでは，分布状況を直観的に理解するために**度数分布**を求

め，ヒストグラムを表示する．**ヒストグラム**とは，与えられた区間に該当するデータがどれだけの頻度（ひんど）で現れるかを示したグラフである．頻度を求めるための関数が Frequency 関数である．

解法

セル A1 から B31 に，**図 11.169** のようなデータを入力する．

	A	B
1	番号	得点
2	1	49
3	2	69
4	3	55
5	4	66
6	5	77
7	6	97
8	7	40
9	8	93
10	9	72
11	10	80

12	11	80
13	12	70
14	13	60
15	14	65
16	15	47
17	16	74
18	17	28
19	18	77
20	19	91
21	20	83

22	21	85
23	22	57
24	23	89
25	24	80
26	25	90
27	26	50
28	27	85
29	28	38
30	29	68
31	30	57

図 11.169 得点データ

10 点ごとの区間を設定するために，**図 11.170** のように，セル D1 から D12 に 0 から 100 の数字を 10 刻みで入力する．

区間ごとの該当人数を計算するために，**図 11.171** のように，結果を返すセル E2 から E12 を選択したら，「数式バー」左側の「関数の挿入」ボタンをクリックし，「関数の挿入」ウィンドウの「関数の分類（C）」として「統計」を選択し，「関数名（N）」を「FREQUENCY」として「OK」ボタンをクリックする．

	D	E
1	区間	人数
2	0	
3	10	
4	20	
5	30	
6	40	
7	50	
8	60	
9	70	
10	80	
11	90	
12	100	

図 11.170 集計区間の設定

Frequency 関数は二つの引数をとり，1 番目の引数は，元のデータの範囲で，2 番目の引数は，階級を表す区間になる．**図 11.172** のように，「関数の引数」ウィンドウで「データ配列」としてセル B2 から B31 を，「区間配列」としてセル D3 から D12 の範囲を指定する．区間配列にセル D2 が区間に含まれないことに注意が必要である．

Frequency 関数は，最初に選択したセルのすべてに値を返すので，配列すべてに値を返すように [Ctrl] キーと [Shift] キーを同時に押しながら「OK」ボタンをクリックする．

図 11.171　Frequency 関数

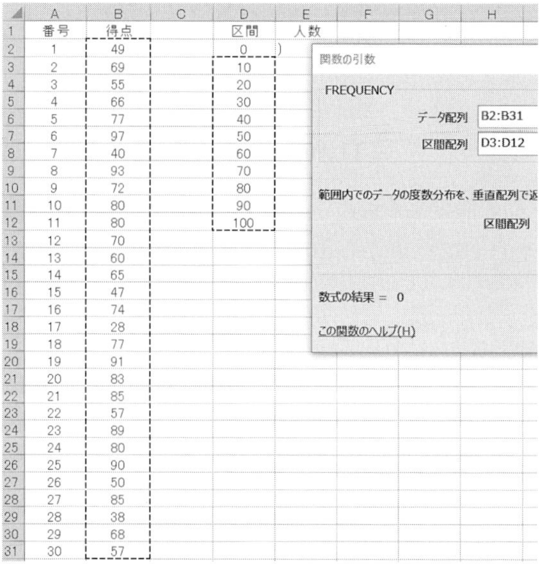

図 11.172　区間の範囲指定

図 11.173 のように，各区間の度数がセル E2 から E12 に返される．

たとえば，区間が 40 のセル E6 の人数は 3 人となっているが，これは，40 点より大きく 50 点以下の人，すなわち，番号 2 の 49 点の人，番号 16 の 47 点の人，番号 27 の 50 点の人がカウントされている．番号 7 の 40 点の人は含まれない．「より大きい」，「以下」という区間に注意が必要である．

次に，グラフを作成するために，**図 11.174** のように，セル D1 から E12 を選

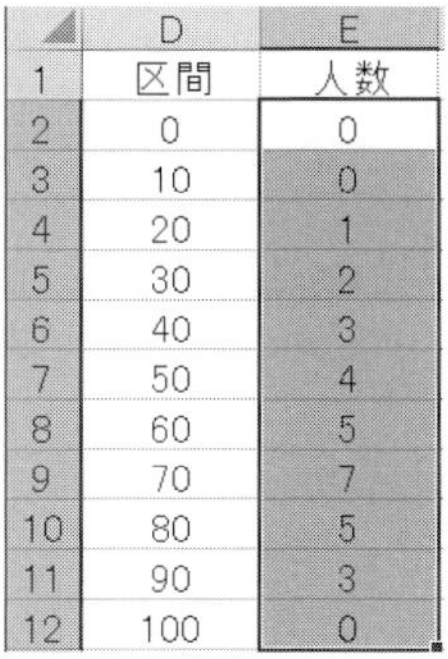

	D	E
1	区間	人数
2	0	0
3	10	0
4	20	1
5	30	2
6	40	3
7	50	4
8	60	5
9	70	7
10	80	5
11	90	3
12	100	0

図 11.173 度数分布

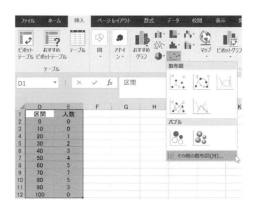

図 11.174 その他の散布

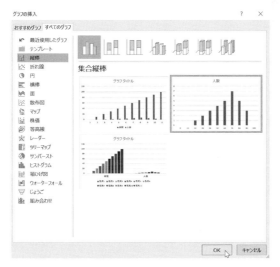

図 11.175 集合縦棒によるヒストグラム

択して「挿入」タブの「グラフ」グループで「散布図」の「その他の散布図（M）」
をクリックする．

　図 11.175 のように，「グラフの挿入」ウィンドウの「すべてのグラフ」タブで
「縦棒」「集合縦棒」の中から右側のグラフを選び，ヒストグラムを表示する．一
般的なヒストグラムでは棒グラフ間の間隔を空けないが，ここでは手続きを簡略
化するために棒グラフで表示している．

　なお，得点データのセル B2 から B31 を選び，「挿入」タブの「グラフ」グルー

プで「統計グラフの挿入」「ヒストグ
ラム」を選ぶことで**図 11.176** のよう
なヒストグラムを直接作成することも
できる．この場合は，横軸を選択し，
「軸の書式設定（F）」で「軸のオプシ
ョン」の中で「ビンの数」を適宜設定
する．

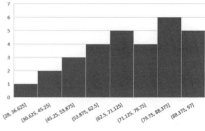

図 11.176　ヒストグラム

■ 11.6.2　偏差値

課 題

11.6.1 項のデータを用いて，各自の偏差値を求めなさい．

ポイント

分散，標準偏差，偏差値，Stdev 関数

解 説

偏差値を計算できる前提としてデー
タの分布が正規分布に近いことが必要
となる．**正規分布**（または**ガウス分
布**）とは，多くの人が平均に近く，平
均から離れるにつれて人数が減る**図
11.177** のような形状の分布である．
成績や身長などは，対象人数が多けれ
ば正規分布に近くなることが知られて
いる．

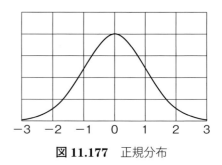

図 11.177　正規分布

偏差値を説明する前に，分散と標準偏差について説明する．**分散**とは，データ
の散らばり具合のことをいう．たとえば，平均値が同じでも，**図 11.178** のよう
に広がっているか，**図 11.179** のように平均値近くに固まっているかでは集団の
性質が異なる．そこで，平均からの距離の 2 乗を足し合わせてデータ数*で割っ
たものを分散と定義し，散らばり具合を表す指標として用いる．分散が大きいほ
ど散らばり具合が広いことを意味する．

分散は 2 乗した単位になり，直観的に把握しにくいので，平方根をとり単位を
データに合わせたものが**標準偏差**である．標準偏差は，データ分布が正規分布に

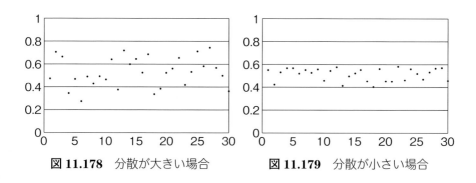

図 11.178 分散が大きい場合　　　**図 11.179** 分散が小さい場合

従う場合には，**図 11.180** に示すように，平均から標準偏差だけずれた範囲内に 68.0 % が，平均から標準偏差の 2 倍ずれた範囲内に 95.5 % が，平均から標準偏差の 3 倍ずれた範囲内に 99.7 % が含まれることを意味する．

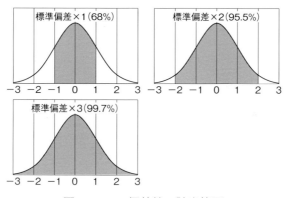

図 11.180 偏差値の該当範囲

　偏差値は，平均が 50 で，標準偏差が 10 になるようにデータを標準化した値で，次の式で計算できる．

$$(偏差値) = 10 \times \frac{(値) - (平均値)}{(標準偏差)} + 50$$

＊正確には自由度（＝データの個数−1）で割る．

217

解　説

　偏差値の計算式では，平均値と標準偏差を使う．**図 11.181** のように，セル A1 から B31 に 11.6.1 項と同じデータを，また，セル C1，E1，E2 にそれぞれ「偏差値」「平均」「標準偏差」の項目を入力する．データの平均を計算するために，セル F1 を選び，「ホーム」タブの「編集」グループで「Σ（合計）」ボタンをクリックし，プルダウンメニューで「平均（A）」を選ぶ．平均をとる範囲を指定するために，セル B2 から B31 を選択する．

図 11.181　平均

　標準偏差を計算するために，**図 11.182** のように，セル F2 を選択した後，「数式バー」左側の「関数の挿入」ボタンをクリックし，「関数の分類（C）」を「統計」として，「関数名（N）」で「STDEV.P」を選択する．標準偏差（standard deviation）を計算する関数には **Stdev.p 関数**と **Stdev.s 関数**があるが，ここでは，すべてのデータが観測の対象となるので Stdev.p 関数を使う．

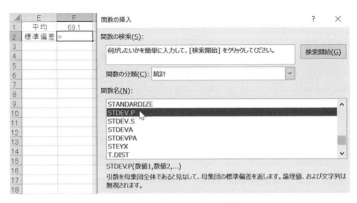

図 11.182　Stdev.p 関数

　図 11.183 のように，Stdev.p 関数の引数のうち「数値 1」に得点データ全体の

セル B2 から B31 の範囲を指定し,「数値 2」は空白のまま「OK」ボタンをクリックする. これで, 結果の標準偏差は「17.5」と表示される.

図 11.183 標準偏差の引数

偏差値は

$$10 \times \frac{(得点) - (平均)}{(標準偏差)} + 50$$

で計算できるので, **図 11.184** のように, セル C2 を選択したら「=10*(B2 - F\$1)/F\$2+50」と入力する. ここで, セル F1, F2 は, コピーを考慮して絶対参照としている.

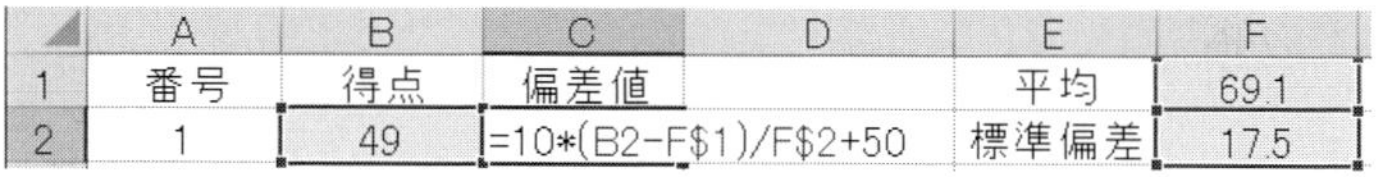

	A	B	C	D	E	F
1	番号	得点	偏差値		平均	69.1
2	1	49	=10*(B2-F\$1)/F\$2+50		標準偏差	17.5

図 11.184 偏差値

セル C2 を C31 までコピーすると, **図 11.185** のように各自の偏差値が求まる.

	A	B	C	D	E	F
1	番号	得点	偏差値		平均	69.1
2	1	49	38.6		標準偏差	17.5
3	2	69	50.0			
4	3	55	42.0			
5	4	66	48.3			
6	5	77	54.5			
7	6	97	65.9			
8	7	40	33.4			
9	8	93	63.6			
10	9	72	51.7			
11	10	80	56.2			
12	11	80	56.2			
13	12	70	50.5			
14	13	60	44.8			
15	14	65	47.7			
16	15	47	37.4			
17	16	74	52.8			
18	17	28	26.6			
19	18	77	54.5			
20	19	91	62.5			
21	20	83	57.9			
22	21	85	59.1			
23	22	57	43.1			
24	23	89	61.4			
25	24	80	56.2			
26	25	90	61.9			
27	26	50	39.1			
28	27	85	59.1			
29	28	38	32.3			
30	29	68	49.4			
31	30	57	43.1			
32						

図 11.185　各自の偏差値

11.6.3　相関分析

課 題

都道府県別男女平均余命が，**図 11.186** のように与えられている*．このとき，男性の平均余命と女性の平均余命の相関係数を調べなさい．

ポイント

回帰直線，相関係数，Correl 関数

解 説

二つの要因の関係性を大まかにいうと，「一方が大きくなれば他方も大きくなる」，「一方が大きくなれば他方が小さくなる」，「お互いは関係ない」の三つに分けて考えることができる．散布図

都道府県	男	女
北海道	80.3	86.8
岩 手	79.9	86.4
秋 田	79.5	86.4
福 島	80.1	86.4
栃 木	80.1	86.2
埼 玉	80.8	86.7
東 京	81.1	87.3
新 潟	80.7	87.3
石 川	81.0	87.3
山 梨	80.9	87.2
岐 阜	81.0	86.8
愛 知	81.1	86.9
滋 賀	81.8	87.6
大 阪	80.2	86.7
奈 良	81.4	87.3
鳥 取	80.2	87.3
岡 山	81.0	87.7
山 口	80.5	86.9
香 川	80.9	87.2
高 知	80.3	87.0
佐 賀	80.7	87.1
熊 本	81.2	87.5
宮 崎	80.3	87.1
沖 縄	80.3	87.4

図 11.186　都道府県別男女平均余命

＊総務省統計局「統計でみる都道府県のすがた」2021 年．（https://www.stat.go.jp/data/k-sugata/index.html）

を作成することでおおよその関係を把握することができるが，数値を使って関係性を評価するときには，データの性質を代表するような直線を引く．この直線のことを**回帰直線**と呼び，Excel には回帰直線を自動的に表示する機能がある．また，データどうしの関係性を評価する指標として**相関係数**が用いられる．相関係数は，−1 から 1 の間の値をとり，プラスなら右上がり，マイナスなら右下がりの相関関係をもつ．相関係数の絶対値が 1 に近ければとても相関が強い，0.7 以上なら相関がやや強い，0.3 以上なら相関が弱い，0 に近ければ関係ないと考えられる．Excel では，相関係数を計算する関数として，Correl 関数が用意されている．相関係数を 2 乗した値を **R-2 乗値**といい，右上がりか右下がりかを区別せずに，相関の強さだけを論じる場合に用いる．

解法

図 11.187 のように，セル A3 から C27 にデータを入力する．

	A	B	C
1	2021度都道府県別平均余命		
2			
3	都道府県	男	女
4	北海道	80.3	86.8
5	岩 手	79.9	86.4
6	秋 田	79.5	86.4
7	福 島	80.1	86.4
8	栃 木	80.1	86.2
9	埼 玉	80.8	86.7
10	東 京	81.1	87.3
11	新 潟	80.7	87.3
12	石 川	81.0	87.3
13	山 梨	80.9	87.2
14	岐 阜	81.0	86.8
15	愛 知	81.1	86.9
16	滋 賀	81.8	87.6
17	大 阪	80.2	86.7
18	奈 良	81.4	87.3
19	鳥 取	80.2	87.3
20	岡 山	81.0	87.7
21	山 口	80.5	86.9
22	香 川	80.9	87.2
23	高 知	80.3	87.0
24	佐 賀	80.7	87.1
25	熊 本	81.2	87.5
26	宮 崎	80.3	87.1
27	沖 縄	80.3	87.4

図 11.187　都道府県別平均余命データ

　散布図のグラフを生成するために，**図 11.188** のように，セル B3 から C27 を選択したら「挿入」タブの「グラフ」グループで「散布図」を選ぶ．書式を整えると，**図 11.189** のような散布図が得られる．

　図 11.190 のように，散布図における任意の点を選択し，右クリックでメニューを表示させ「近似曲線の追加（R）」を選ぶことで近似曲線を設定できる．**図 11.191** のように，表示されるオプション画面の中で，1 次関数の直線を示す「線形近似」を選択する．また，「グラフに数式を表示する（E）」と「グラフに R-2 乗値を表示する（R）」にチェックを入れることで，**図 11.192** のように回帰直線の方程式や R-2 乗値をグラフ内に表示させることができる．

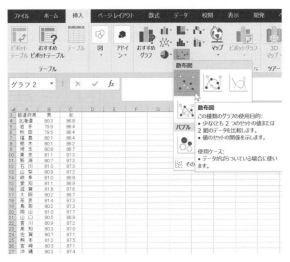

図 11.188　散布図の作成

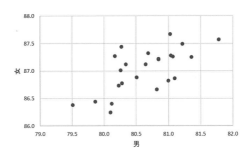

図 11.189　散布図

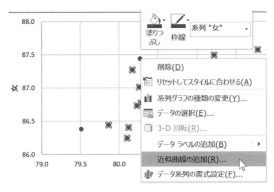

図 11.190　近似曲線の追加

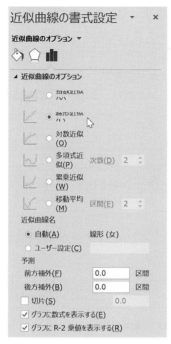

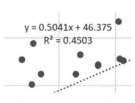

図 **11.192**　表示結果

図 **11.191**　線形近似

　相関係数を求めるために，**図 11.193** のように，セル E4 を選択したら，「数式バー」左側の「関数の挿入」をクリックし，「関数の挿入」ウィンドウで「関数の分類 (C)」を「統計」とし，「関数名 (N)」で「CORREL」を選ぶ．

図 **11.193**　Correl 関数

Correl 関数は，相関係数を計算する関数で，それぞれのデータ配列を引数とする．図 **11.194** のように，男の平均余命を 1 番目の範囲とするために，「関数の引数」ウィンドウで「配列 1」の右側のアイコンをクリックしてセル B4 から B27 までを選択する．次に，女の平均余命を 2 番目の範囲とするために，「関数の引数」ウィンドウの「配列 2」の右側のアイコンをクリックし，セル C4 から C27 を選択して「OK」ボタンをクリックする．

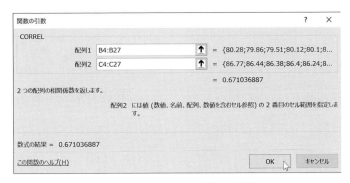

図 11.194　Correl 関数の引数

これで，相関係数が「0.671037」と求まり，男女平均余命間のある程度相関関係が高いことがわかる．セル F4 に「=E4*E4」と入力すると，相関係数の 2 乗である R-2 乗値が「0.450291」と求まり，グラフに表示されたものと一致することが確認できる（**図 11.195**）．

	A	B	C	D	E	F
1	2021度都道府県別平均余命					
2						
3	都道府県	男	女		相関係数	R-2乗値
4	北海道	80.3	86.8		0.671037	=E4*E4

図 11.195　R-2 乗値の計算

◤11.6.4　*t* 検定

課題

男子 15 歳の体力・運動能力の総合点が，2021 年度は平均 48.97 点（標準偏差 10.54 点，標本数 307 人），2020 年度は平均 50.66 点（標準偏差 9.66 点，標本数

1,311 人）であった*．2021 年度は，2020 年度と比較して，体力・運動能力が低下したといえるか．

ポイント

t 検定，T.inv.2t 関数

解説

　二つ以上の集団で統計調査をするときに，集団間では調査した人数も，散らばり具合も異なるので，単純に平均だけで結論を出すことはできない．違いが明確であるためには，（1）値の差が大きい，（2）標本数（調査人数）が多い，（3）分散が小さい三つの要因が関係し，（値の差）×（標本数）÷（分散）を **t 値**という指標で評価するのが **t 検定**である．t 検定は

$$t = \frac{（標本平均の差）}{（差の標本標準誤差）}$$

として，これがどのくらいの確率で発生するかを調べる．分母の「差の標本標準誤差」は（分散）÷（標本数）をまとめたもので，

$$\binom{差の標本}{標準誤差} = \sqrt{\binom{推定}{母分散} \times \left(\frac{1}{（集団1の標本数）} + \frac{1}{（集団2の標本数）} \right)}$$

で計算される．また，「推定母分散」は

$$（推定母分散） = \frac{\binom{集団1の}{標本数} \times \binom{集団1の}{標準偏差}^2 + \binom{集団2の}{標本数} \times \binom{集団2の}{標準偏差}^2}{（自由度の和）}$$

で計算される．**自由度**とは，標本数から 1 を引いた整数である．

　何パーセントの確率で発生するかを表す**有意水準**と自由度を与えて，**t 分布**と呼ばれる分布の値を求める Excel の関数が **T.inv.2t 関数**である．一般に，有意水準は，緩い基準では 5 ％，厳しい基準では 1 ％とされている．**図 11.196** に t 分布の分布形状を示す．分布曲線の面積の中で 5 ％または 1 ％となる数値よりも大きい確率が生じるような場合は偶然では起こらず，意味をもつと判断する．

＊スポーツ庁「令和 2 年度体力・運動能力調査結果の概要（速報）について」2021 年．（https://www.mext.go.jp/sports/b_menu/toukei/chousa04/tairyoku/kekka/k_detail/1421920_00002.htm）

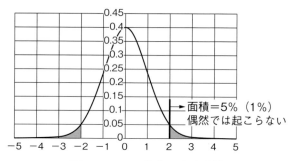

図 11.196　t 分布の有意水準

図中のラベル：面積＝5％（1％）偶然では起こらない

解 法

セル A3 から D5 に，**図 11.197** のようにデータを入力する．

「自由度の合計」として，**図 11.198** のように，セル D7 を選択し「=D4-1+D5-1」を入力する．

「推定母分散」として，**図 11.199** のように，セル D8 を選択し「=(D4*C4^2+D5*C5^2)/D7」を入力する．

	A	B	C	D
1	体力・運動能力総合点(男子15歳)			
2				
3		平均	標準偏差	標本数
4	2021年度	48.97	10.54	307
5	2020年度	50.66	9.66	1311

図 11.197　体力・運動能力総合点のデータ

	A	B	C	D
1	体力・運動能力総合点(男子15歳)			
2				
3		平均	標準偏差	標本数
4	2021年度	48.97	10.54	307
5	2020年度	50.66	9.66	1311
6				
7			自由度の合計	=D4-1+D5-1

図 11.198　自由度の合計

	A	B	C	D	E
1	体力・運動能力総合点(男子15歳)				
2					
3		平均	標準偏差	標本数	
4	2021年度	48.97	10.54	307	
5	2020年度	50.66	9.66	1311	
6					
7			自由度の合計	1616	
8			推定母分散	=(D4*C4^2+D5*C5^2)/D7	

図 11.199　推定母分散

「差の標本標準誤差」を計算するために，**図 11.200** のように，セル D9 を選択したら「数式バー」の左側にある「関数の挿入」ボタンをクリックし，「関数の挿

入」ウィンドウの「関数の分類（C）」として「数学/三角」を選び，「関数名（N）」を「SQRT」として「OK」ボタンをクリックする．**Sqrt 関数**は，平方根（square root）を計算するための関数である．

図 11.200　Sqrt 関数

「差の標本標準誤差」の平方根内の値を指定するために，**図 11.201** のように，「関数の引数」ウィンドウの数値に「D8*（1／D4+1／D5）」と入力して，「OK」ボタンをクリックする．

図 11.201　差の標本標準誤差

「t」の値を計算するために，**図 11.202** のように，セル D10 を選択し，「=（B5－B4）／D9」と入力する．1 ％の有意水準で検定するものとして，**図 11.203** のように，セル D11 に「1 ％」を入力する．

t 分布の値を計算するために，**図 11.204** のように，セル D12 を選択し，「数式バー」の左側にある「関数の挿入」ボタンをクリックし，「関数の挿入」ウィンドウで「関数の分類（C）」を「統計」とし，「関数名（N）」として「T.INV.2T」を選択して「OK」ボタンをクリックする．

図 11.205 のように，「関数の引数」ウィンドウで「確率」に「D11」を，「自由

	A	B	C	D
1	体力・運動能力総合点(男子15歳)			
2				
3		平均	標準偏差	標本数
4	2021年度	48.97	10.54	307
5	2020年度	50.66	9.66	1311
6				
7			自由度の合計	1616
8			推定母分散	96.81
9			差の標本標準誤差	0.62
10			t	=(B5-B4)/D9

図 11.202　t 値

	A	B	C	D
1	体力・運動能力総合点(男子15歳)			
2				
3		平均	標準偏差	標本数
4	2021年度	48.97	10.54	307
5	2020年度	50.66	9.66	1311
6				
7			自由度の合計	1616
8			推定母分散	96.81
9			差の標本標準誤差	0.62
10			t	2.71
11			有意水準	1%

図 11.203　有意水準

	A	B	C	D	関数の挿入
1	体力・運動能力総合点(男子15歳)				
2					関数の検索(S):
3		平均	標準偏差	標本数	何がしたいかを簡単に入力して、[検索開始] をクリ
4	2021年度	48.97	10.54	307	
5	2020年度	50.66	9.66	1311	
6					関数の分類(C): 統計
7			自由度の合計	1616	
8			推定母分散	96.81	関数名(N):
9			差の標本標準誤差	0.62	T.DIST
10			t	2.71	T.DIST.2T
11			有意水準	1%	T.DIST.RT
12			t分布	=	T.INV
13					**T.INV.2T**
14					T.TEST
15					TREND
16					T.INV.2T(確率,自由度)
17					スチューデントの t-分布の両側逆関数を返します。

図 11.204　T.inv.2t 関数

度」に「D7」を入力し，「OK」ボタンをクリックする．

　面積が1％となる t 分布の値は「2.58」であり，計算された「t」の値である「2.71」のほうが大きくなる（**図 11.206**）．したがって，1％の水準では偶然に起こることはなく，有意差があるといえる．すなわち，2021年度は2020年度に比

図 11.205 確率，自由度の設定

	A	B	C	D
1	体力・運動能力総合点(男子15歳)			
2				
3		平均	標準偏差	標本数
4	2021年度	48.97	10.54	307
5	2020年度	50.66	9.66	1311
6				
7			自由度の合計	1616
8			推定母分散	96.81
9			差の標本標準誤差	0.62
10			t	2.71
11			有意水準	1%
12			t分布	2.58

D12 =T.INV.2T(D11

図 11.206 t 分布の値

べて体力・運動能力が低下したと結論づけられる.

◥11.6.5 カイ2乗検定

課 題

　飲み物の嗜好に関するアンケートを実施した結果，男性は60人中37人が，女性は40人中16人が，紅茶よりもコーヒーを好むと回答した．男性のほうがコーヒーを好む傾向が強いといえるか．5％の有意水準で評価しなさい．

ポイント

　カイ2乗検定, Chisq.inv.rt 関数

解 説

　この課題は，いくつかの集団にアンケートを実施した場合に，集団間での傾向に差があるかどうかを判断するという**仮説検定**の問題である．証明したいのは男

229

性グループのほうがコーヒーを好むという仮説であるが，この反対である男女に差がないという仮説を証明しても同じことがいえる．証明したい仮説のことを**対立仮説**といい，証明を否定する仮説のことを**帰無仮説**という．この問題では，帰無仮説のほうが扱いやすく証明が容易である．男女間に差がないということを調べる指標として，**観測度数**（標本値）と**期待度数**（理論値）との誤差である**へだたり度**を用いる．へだたり度は，次の式で表される．

$$（へだたり度）= \frac{（観測度数 - 期待度数）^2}{期待度数}$$

統計的な分布形状がカイ2乗分布に従うものとしてへだたり度を利用する検定法に**カイ2乗検定***がある．カイ2乗検定では，へだたり度の合計をカイ2乗値として評価する．カイ2乗分布の形状は自由度により異なるが，自由度1の場合は**図11.207**のようになる．面積が5％より大きい部分に確率がある場合には，偶然では起こらないこととして関係ありという判断になる．

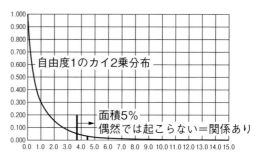

図11.207　カイ2乗分布の有意水準

解法

セルA1からD7に，**図11.208**のようなデータを入力する．このように要因を縦横に並べたものを**クロス集計表**という．

図11.209のように，「ホーム」タブの「編集」グループで「Σ（合計）」を使い，セルD5にセルB5とC5の合計を計算し，セルD5をD7までコピーする．

	A	B	C	D
1	飲み物の嗜好データ			
2				
3	観測度数			
4		コーヒー	紅茶	計
5	男	37	23	
6	女	16	24	
7	計			

図11.208　飲み物の嗜好データ

B5とC5の合計を計算し，セルD5をD7までコピーする．

同様に，**図11.210**のように，セルB7にセルB5とB6の合計を計算し，セルB7をC7までコピーし，**図11.211**の表を完成させる．

---

* 「カイ」とは，ギリシャ文字の「χ」のことで，「χ^2検定」と書くこともある．

この表から**期待度数**と呼ばれる値の表を計算する. 期待度数は, 全体の割合から推測される各データの数値である. たとえば, 女性でコーヒーを好む人の割合を考える. 全体では 53：47 の割合でコーヒーが好まれるので, 女性

	A	B	C	D
1	飲み物の嗜好データ			
2				
3	観測度数			
4		コーヒー	紅茶	計
5	男	37	23	=SUM(B5:C5)
6	女	16	24	
7	計			

図 11.209 行の合計

40 人のうち, $40 \times \dfrac{53}{53 + 47} = 21.2$ 人がコーヒーを好むであろうと予想される. **図 11.212** のように, セル F4 から H6 に項目名を入力し, 各要素の組合せについて, この値を計算する. **図 11.213** のように, セル G5 に「=$D5*B$7/$D$7」と絶対参照で入力して, H5, G6, H6 にコピーする.

	A	B	C	D
1	飲み物の嗜好データ			
2				
3	観測度数			
4		コーヒー	紅茶	計
5	男	37	23	60
6	女	16	24	40
7	計	=SUM(B5:B6)		53

図 11.210 列の合計

	A	B	C	D
1	飲み物の嗜好データ			
2				
3	観測度数			
4		コーヒー	紅茶	計
5	男	37	23	60
6	女	16	24	40
7	計	53	47	100

図 11.211 各項目の合計

	F	G	H
1			
2			
3	期待度数		
4		コーヒー	紅茶
5	男		
6	女		

図 11.212 期待度数の項目

	A	B	C	D	E	F	G	H
1	飲み物の嗜好データ							
2								
3	観測度数					期待度数		
4		コーヒー	紅茶	計			コーヒー	紅茶
5	男	37	23	60		男	=$D5*B$7/$D$7	
6	女	16	24	40		女		
7	計	53	47	100				

図 11.213 期待度数

へだたり度は，観測度数と期待度数
の差の 2 乗を期待度数で割ったもので
ある．**図 11.214** のように，セル L4，
M4，K5，K6 に項目名を入力したら，
セル L5 に「=(B5-G5)^2／G5」を入
力し，セル L5 を M5，L6，M6 にコピ
ーする．

	K	L	M
3	へだたり度		
4		コーヒー	紅茶
5	男	=(B5-G5)^2/G5	
6	女		

図 11.214　へだたり度

カイ 2 乗値はへだたり度の和なので，**図 11.215** のように，セル B10 に「=SUM
(L5：M6)」と入力すると「4.52」という値が得られる．

	A	B	C	D	E	F	G	H	I	J	K	L	M
1	飲み物の嗜好データ												
2													
3	観測度数					期待度数					へだたり度		
4		コーヒー	紅茶	計			コーヒー	紅茶	計			コーヒー	紅茶
5	男	37	23	60		男	31.8	28.2	60		男	0.85	0.96
6	女	16	24	40		女	21.2	18.8	40		女	1.28	1.44
7	計	53	47	100		計	53	47	100				
8													
9													
10	カイ2乗値	=SUM(L5:M6)											

図 11.215　カイ 2 乗値

有意水準，すなわち判定する面積は 5 ％であり，分布グラフの横軸（確率）に
対応する値（これを**境界値**という）を求めるのが **Chisq.inv.rt** 関数である．**図
11.216** のように，セル B11 に有意水準「5 ％」を入力し，セル B12 を選択した
ら，「数式バー」左側の「関数の挿入」ボタンをクリックし，「関数の挿入」ウィ
ンドウの「関数名（N）」として「CHISQ.INV.RT」を選ぶ．1 番目の引数は，有意
水準を表す確率なので，「B11」を入力する．また，今回判定するのは男女 2 種類
のカテゴリーなので，2 から 1 を引き，2 番目の引数の自由度は 1 となる．

図 11.216　境界値

有意水準5%に対応する境界値は「3.84」であり，今回のカイ2乗値「4.52」のほうが大きい．関係の有無を判定するために，**図 11.217** のよ

	A	B	C	D
10	カイ2乗値	4.52		
11	有意水準	5.0%		
12	境界値	3.84		
13	判定	=IF(B10>B12,"関係あり","関係なし")		

図 11.217 関係性の評価

うに，セル B13 に「=IF(B10>B12,"関係あり","関係なし")」を入力する．この結果，「関係あり」すなわち，帰無仮説が棄却されて，男性のほうがコーヒーを好むという仮説が証明されたことになる．

なお，観測度数と期待度数から確率（これを p 値という）を計算し，5%と比較することができる．このためには，**Chisq.test 関数**を用いる．

索　引

サ　行

索 引

索　引

〈著者略歴〉

寺 沢 幹 雄（てらさわ　みきお）

博士（工学）
日本大学経済学部　教授
東京大学大学院工学系研究科博士課程修了
〈主要著書〉
「大学生のための実践情報処理」（共著），昭晃堂，2002 年

福 田　收（ふくだ　おさむ）

共立女子大学文芸学部　教授
中央大学大学院文学研究科哲学専攻博士課程修了
〈主要著書〉
「情報倫理」おうふう，2005 年
「基礎講座　哲学」（共著），ちくま学芸文庫，2016 年

本書は，2016 年発行「情報基礎と情報処理（第 4 版）　―Windows10 & Office2016 対応―」を改題改訂して発行するものです．

入門　情報処理
―データサイエンス、AI を学ぶための基礎―

2022 年 1 月 14 日　　第 1 版第 1 刷発行
2024 年 7 月 10 日　　第 1 版第 3 刷発行

著　　者　　寺 沢 幹 雄
　　　　　　福 田　　收
発 行 者　　村 上 和 夫
発 行 所　　株式会社　オーム社
　　　　　　郵便番号　101-8460
　　　　　　東京都千代田区神田錦町 3-1
　　　　　　電話　03(3233)0641（代表）
　　　　　　URL　https://www.ohmsha.co.jp/

© 寺沢幹雄・福田收 2022

印刷　美研プリンティング　　製本　協栄製本
ISBN978-4-274-22798-1　Printed in Japan

本書の感想募集 https://www.ohmsha.co.jp/kansou/

本書をお読みになった感想を上記サイトまでお寄せください．
お寄せいただいた方には，抽選でプレゼントを差し上げます．